索尼微单相机摄影与摄像

实拍技法宝典

崔缘 著

人民邮电出版社
北京

图书在版编目（CIP）数据

索尼微单相机摄影与摄像实拍技法宝典 / 崔缘著
. -- 北京 : 人民邮电出版社, 2023.8
ISBN 978-7-115-61448-3

Ⅰ. ①索… Ⅱ. ①崔… Ⅲ. ①数字照相机－单镜头反光照相机－摄影技术 Ⅳ. ①TB86②J41

中国国家版本馆CIP数据核字(2023)第061346号

内容提要

本书系统、全面地介绍了索尼微单相机的摄影与摄像技法。全书共17章，细致讲解了SONY α系列相机重点功能的最佳设定、各种曝光模式的特点与适用场景、对焦技巧、测光模式与曝光技巧、照片虚实与画质、影响照片色彩的四大核心要素、镜头的选择与使用技巧、摄影附件的相关知识、构图与用光技巧、风光摄影实拍技法、人像摄影实拍技法、视频的基础理论知识、视频制作需要的硬件与软件、认识景别、认识镜头语言、用索尼微单相机拍摄视频的操作步骤、图片配置文件功能等摄影爱好者应该掌握的理论与技法。

本书内容丰富、讲解细致，对广大索尼微单相机用户、摄影与摄像爱好者、短视频创作者等都有极大的帮助。

◆ 著　　　崔　缘
责任编辑　张　贞
责任印制　陈　犇
◆ 人民邮电出版社出版发行　北京市丰台区成寿寺路11号
邮编　100164　电子邮件　315@ptpress.com.cn
网址　https://www.ptpress.com.cn
北京捷迅佳彩印刷有限公司印刷
◆ 开本：700×1000　1/16
印张：15.25　2023年8月第1版
字数：353千字　2025年1月北京第3次印刷

定价：99.00元

读者服务热线：(010)81055296　印装质量热线：(010)81055316
反盗版热线：(010)81055315
广告经营许可证：京东市监广登字20170147号

前言

近5年是影像器材空前发展的5年，很多家庭、摄影爱好者、影像从业人员都在这段时间初次购买或多次升级了手中的影像器材。不过，升级至一款更高级别的器材，却不如将手中的器材用好来得实在。多数使用者仅仅使用了相机十分之一的功能，如何将相机已有的功能发挥好？如何通过拓宽思路和提升手法来提高作品的价值及拍摄成功率？这是比升级器材更值得思考的事情。

本书旨在让摄影爱好者对索尼微单相机的摄影与摄像功能从入门到精通。本书整合了摄影与摄像相关理论，不仅讲解了每一个摄影爱好者都应该掌握的摄影基本理论，如风光摄影的通用技巧、拍摄前应该检查的参数、照片格式、滤镜、镜头等，还讲解了摄影及拍摄视频共通的基本理论，如曝光三要素、色温与白平衡的关系、对焦、测光、构图与用光理论等，以及拍摄视频应该了解的软硬件知识和镜头语言，视频参数的设置，如分辨率、视频格式、码率、帧率等。

虽然本书内容丰富，但并不是一本纯理论图书，还涉及风光、人像等多种题材的摄影实拍技巧，以及视频拍摄的详细操作步骤。

在编写本书时，编者查阅了相关资料并请教了行业专家。即便如此，也不能保证内容完全没有瑕疵，欢迎各位读者与编者交流、沟通，对图书内容批评指正。

目录

第1章　SONY α系列相机重点功能的最佳设定

Chapter
1

第2章　开始创作——各种曝光模式的特点与适用场景

第3章　对焦学问大

第4章　光影明暗——测光与曝光

第5章　照片虚实与画质

Chapter
5

第6章　影响照片色彩的四大核心要素

第7章　第三只眼——镜头的选择与使用技巧

第8章　摄影好帮手：附件相关知识

第9章 视频与照片画面好看的秘诀：构图与用光

第10章 风光摄影

第11章 人像摄影实拍技法

Chapter 11

第12章 视频类型、视听语言与视频制作团队

第13章 视频制作需要的硬件与软件

第14章 认识景别

第15章 认识镜头语言

第16章 用索尼微单相机拍摄视频的操作步骤

第17章 掌握拍摄视频的高级功能——图片配置文件功能

第1章

SONY α 系列相机重点功能的最佳设定

CHAPTER 1

SONY α 系列相机的菜单设定比较人性化，几乎所有的拍摄、管理功能均可通过菜单操作实现。合理地设置相机菜单，能够帮助摄影者更轻松地拍摄出完美的照片。

相对来说，大部分的相机功能及菜单设定都是非常简单的，因此本章将针对一些常用的、重点的，以及一些比较难以理解的功能进行介绍，帮助摄影者熟练掌控自己的相机。本章以SONY α 7R Ⅳ为例进行讲解。

光圈f/8，快门速度1/30s，焦距88mm，感光度ISO100

1.1 拍摄菜单

1.1.1 文件格式设定

SONY α 系列相机共有3个影像文件格式选项，包括RAW、RAW&JPEG和JPEG，分别表示只拍摄RAW格式照片，同时拍摄RAW格式和JPEG格式照片，只拍摄JPEG格式照片。

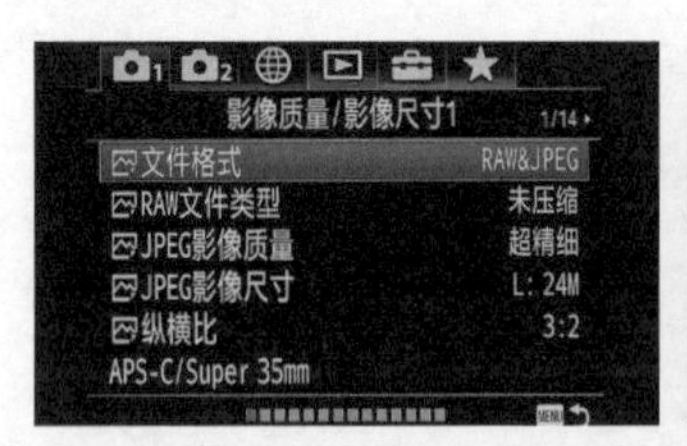

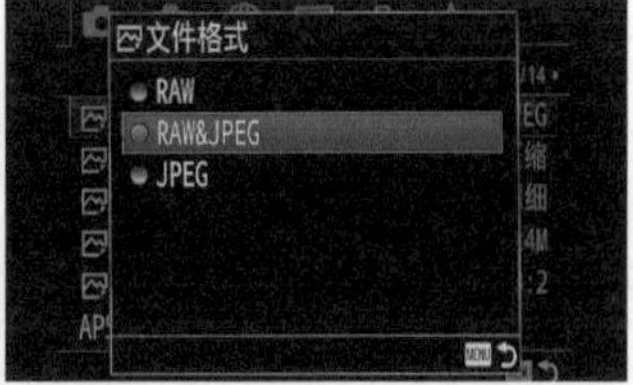

不懂摄影后期的摄影爱好者可以选择JPEG选项，擅长摄影后期的摄影者，可以选择RAW & JPEG选项或RAW选项

1.1.2 JPEG影像质量设定

JPEG是一种照片的文件压缩格式，关于JPEG影像质量，菜单中有3种不同的压缩级别，分别为X.FINE 超精细、FINE 精细、STD 标准。超精细的照片，压缩比例很小，

有利于照片显示出更为细腻出众的画质，但相应的问题是照片占用的磁盘空间较大。

设定为精细及标准时，照片画质下降，但照片所占空间就会变小。

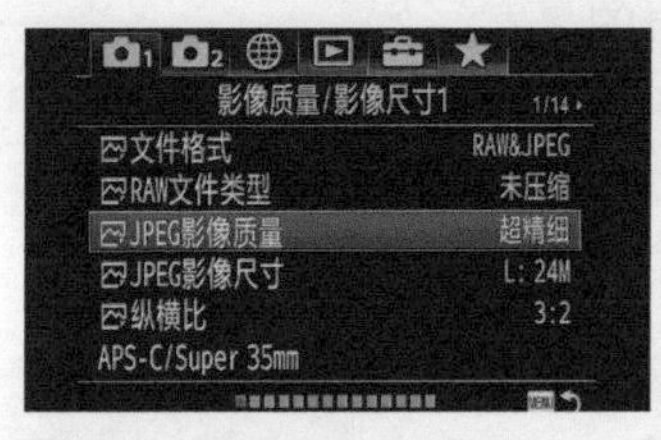

影像质量设定界面1

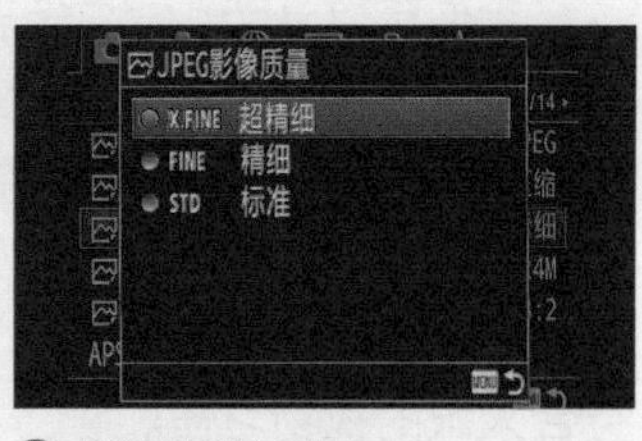

影像质量设定界面2

1.1.3 JPEG影像尺寸设定

影像尺寸是指照片边长的像素值，通常以长边像素值×宽边像素值来表示。两者的乘积为总像素值，总像素值会有特定的大小。正常情况下，用SONY α系列相机拍摄静态照片，并且长宽比为3:2时，所拍摄的超精细JPEG格式照片的尺寸为9504像素×6336像素，所占空间约为60MB；中等尺寸为6240像素×4160像素，所占空间约为26MB；最小尺寸为4752像素×3168像素，所占空间约为15MB。

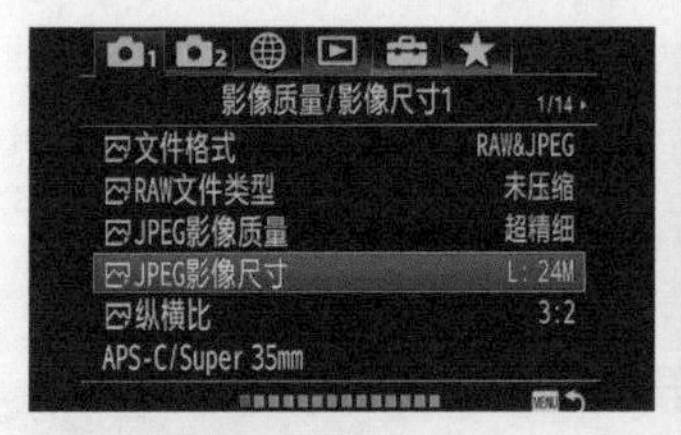

设置最大的影像尺寸是摄影创作中比较常见的选择。除非是因为存储卡容量不够，或照片只有旅游纪念、网络发布等用途，否则不需要调小尺寸

1.1.4 纵横比设定

该功能用于设定所拍摄照片的纵横比。当前主流摄影作品的纵横比为3:2，16:9、4:3或1:1等纵横比也比较常见。SONY α系列相机内设定了3:2与16:9两种纵横比。

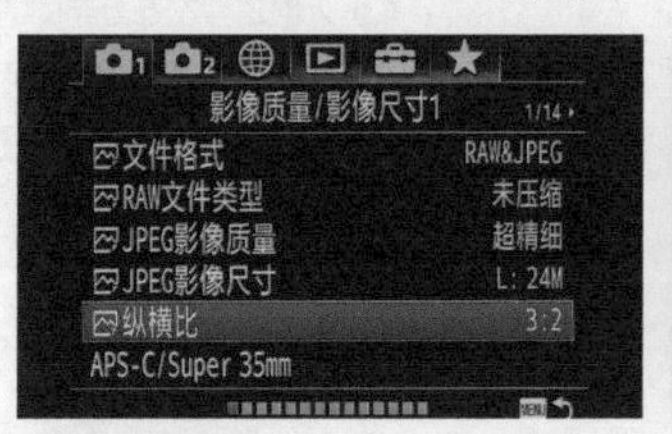

照片纵横比设定1

照片纵横比设定2

3:2最初起源于35mm电影胶卷，当时徕卡镜头成像圈直径是44mm，在中间画一个矩形，长约为36mm，宽约为24mm，即长宽比为3:2。由于当时徕卡在业内一家独大，几乎就是相机的代名词，因此这种画幅比例自然就被广大业内人士接受。

虽然3:2的比例并不是徕卡有意为之，但这个比例更接近黄金比例却是不争的事实。这个美丽的误会，也成了3:2广受认可的另外一个主要原因。

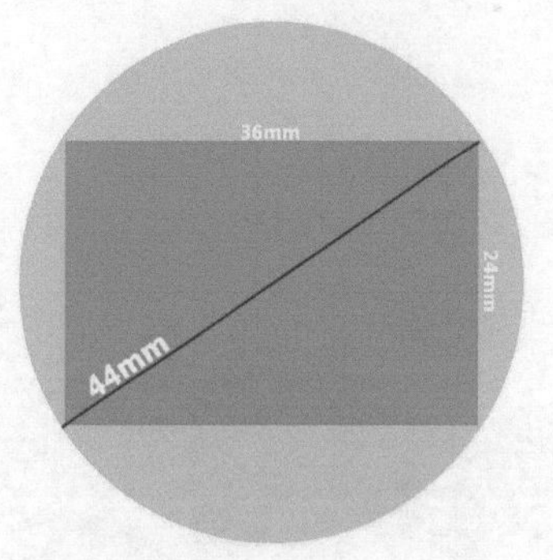

绿色圆代表成像圈，中间的矩形长宽比为36:24，即3:2

我们可以认为16:9代表的是宽屏系列，因为还有更大的3:1等长宽比。16:9这类宽屏，起源于20世纪，当时电影院的老板们发现宽屏更易节省资源、控制成本，并且更符合人眼的视物习惯。

到了21世纪，生产计算机显示器、手机显示屏等的硬件厂商，发现16:9的宽屏比例更适合投影播放，并可以与全高清的1920像素×1080像素相适应，因此开始大力推广16:9的屏幕比例。近年来，你可以发现，手机与计算机屏幕几乎都是16:9的，很少再看到新推出的4:3比例的显示设备了。

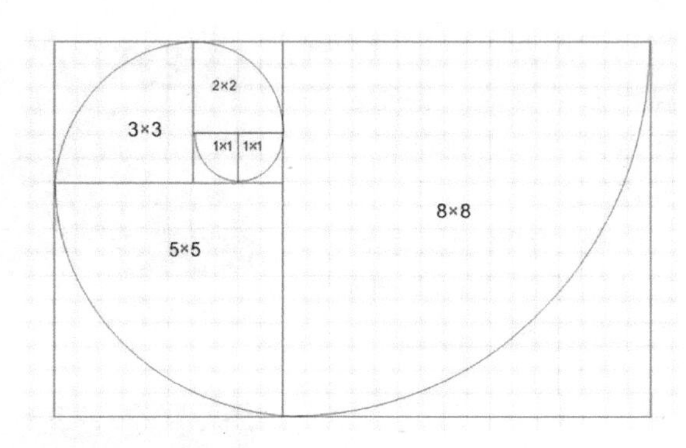

黄金螺线的绘制过程其实也是寻找黄金比例的过程。可以看到，这种长宽比更接近当前主流的3:2的照片比例

人眼这种左右分布的结构，在视物时，习惯于从左向右观察，而非优先上下观察，所以一些显示设备比较适合做成宽屏比例

3:2的纵横比，即便是在照片内部，也可通过各种形式的划分（如黄金分割、三等分等）来安排主体的位置。这样既可以让主体变得醒目，又符合天然的审美规律。 光圈f/11，快门速度1/125s，焦距57mm，感光度ISO100

左右结构的宽画幅形式比较适用于呈现大的风光场景，不仅能够容纳更多景物，也符合人眼视物规律。光圈f/1.4，快门速度8s，焦距24mm，感光度ISO2000

1.1.5　APS-C与Super 35mm设定

相机的全画幅尺寸为36mm×24mm，而APS是一种尺寸更小的画幅形式。一般有APS-H、APS-C、APS-P3种规格，APS-H的尺寸为30.3mm×16.6mm，长宽比为16:9；APS-C是在APS-H的左右两端各挡去一部分，尺寸为24.9mm×16.6mm。从这个角度看，以APS-C的尺寸来拍摄，即要缩小CMOS感光元件的成像区域进行拍摄。

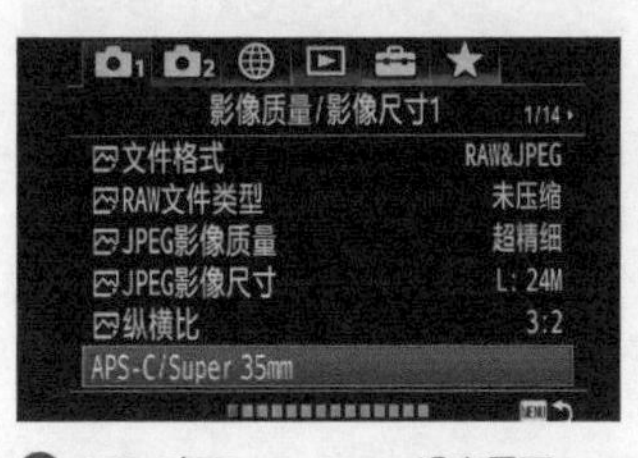

APS-C与Super 35mm设定界面1

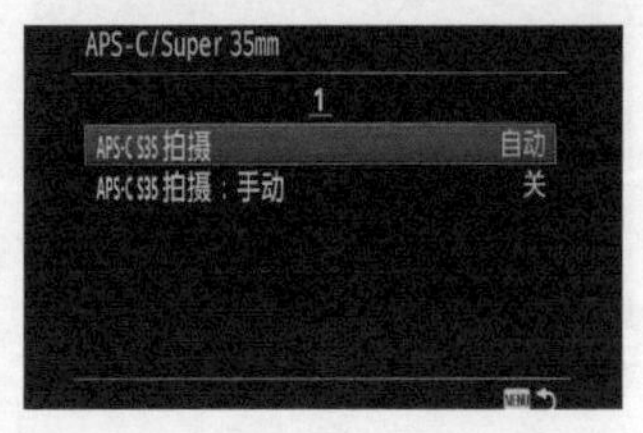

APS-C与Super 35mm设定界面2

Super 35mm与APS-C的尺寸基本相当。唯一的区别在于Super 35mm 属于数字电影摄影机的画幅标准，继承的是胶片电影机的规格。

在SONY α 系列相机中，启用该功能是指将画幅缩小至Super 35mm/APS-C的尺寸。但将画幅缩小1.5倍后，镜头视角会变小。

1.1.6　多重测光时人脸优先设定

开启该功能后，如果使用多重测光的方式进行测光，那相机会以检测到的人脸信息为基准进行测光，

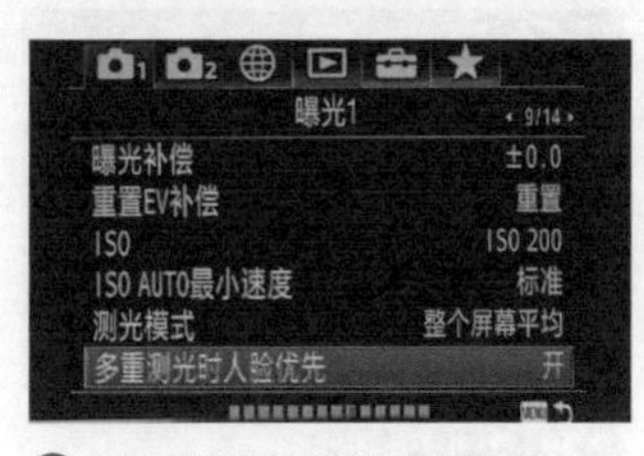

多重测光时人脸优先设定界面1

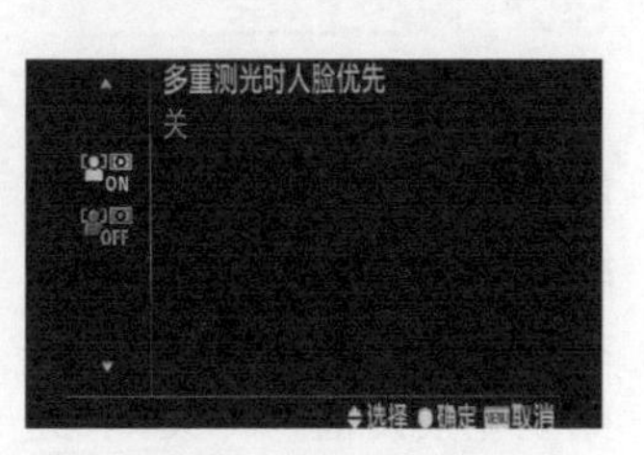

多重测光时人脸优先设定界面2

这样可以确保人脸能够准确曝光，这也是拍摄人像题材时最重要的一点。如果关闭此功能，那相机会以正常的多重测光方式进行测光。

1.1.7 人脸登记设定

使用人脸登记功能，可以注册和编辑想要优先对焦的人物。而登记人脸后，就可以设定优先顺序，被摄体中优先级最高的人脸会被自动选择并进行对焦。

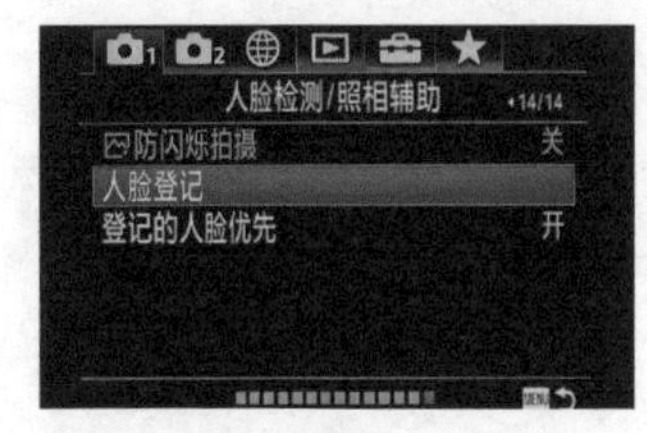

人脸登记设定界面1

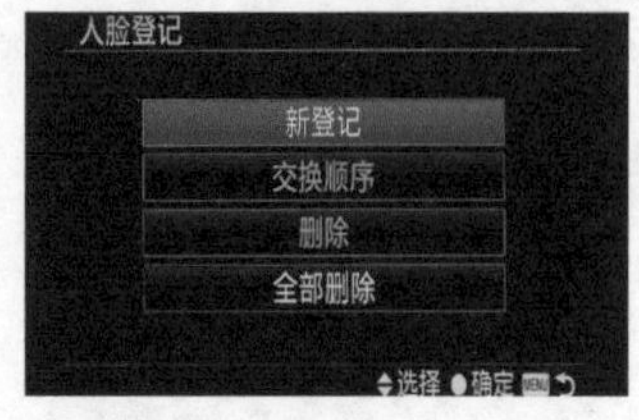

人脸登记设定界面2

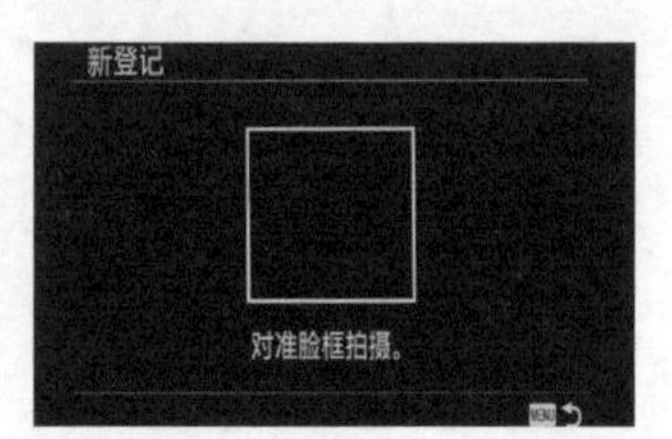

人脸登记设定界面3

1.1.8 取景器和显示屏显示的信息

拍摄照片时，我们要通过显示屏或取景器进行取景。DISP按钮可用于设定显示屏或取景器界面显示的信息。比如我们可以让界面上显示水平线、直方图，也可以设定界面上不显示这些信息。具体设定时，只要按控制拨轮的DISP按钮，就可以在图形显示、显示全部信息、无显示信息、柱状图、数字水平量规、取景器、关闭显示屏之间选择。

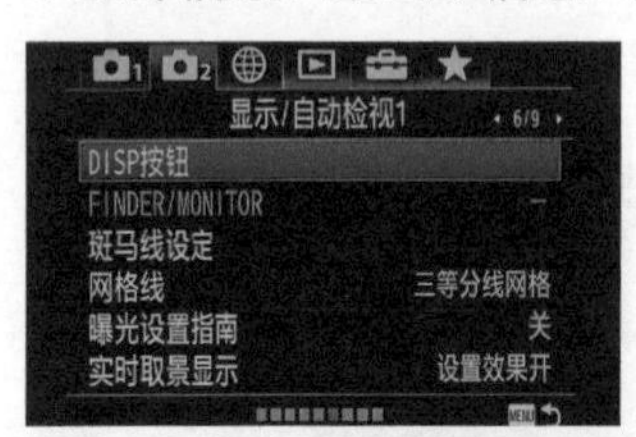

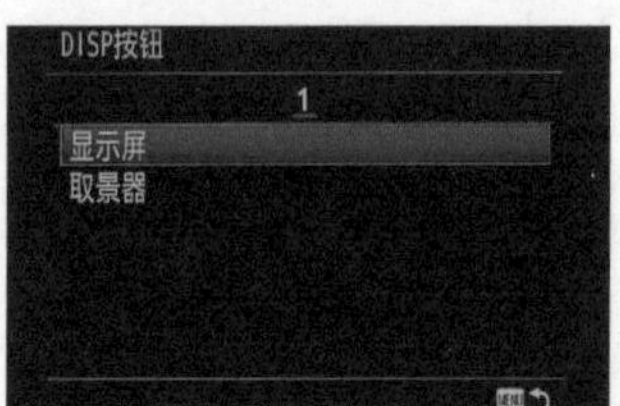

设定显示屏显示或不显示的信息

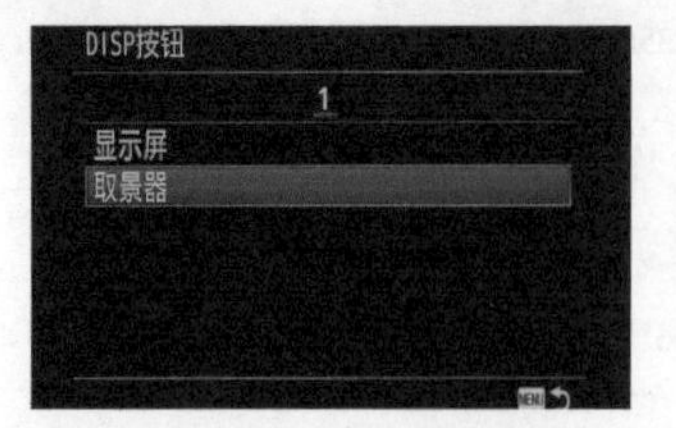

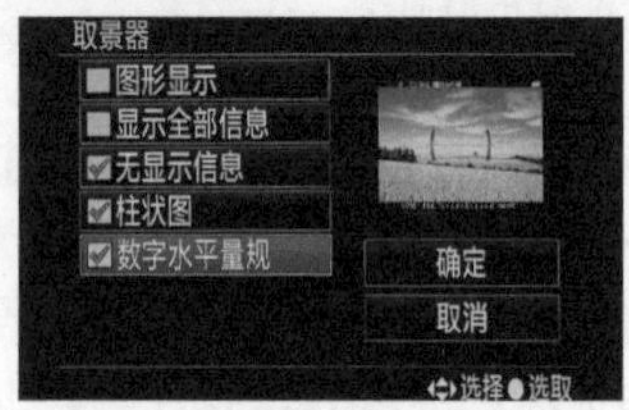

设定取景器显示或不显示的信息

1.1.9 网格线设定

摄影师可以开启此功能，在取景器中显示网格线，以便将其作为构图参考和用于判断画面水平度，此功能预设值为“关”。经

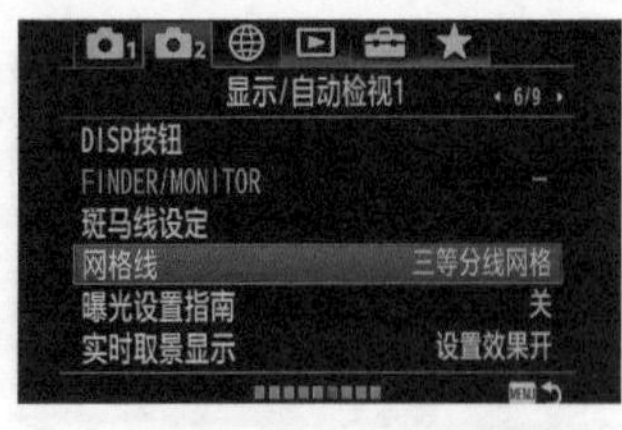

网格线设定界面1

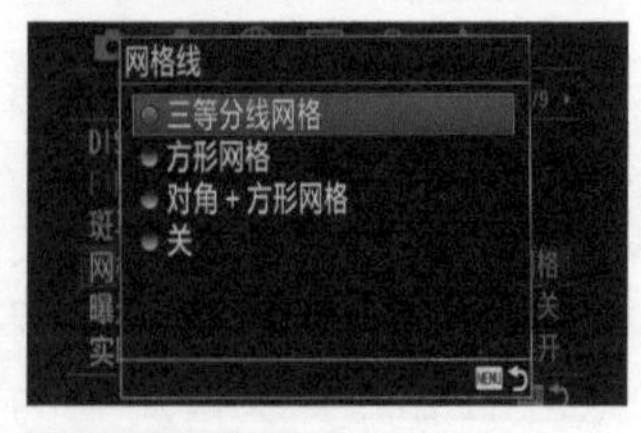

网格线设定界面2

常拍摄相当讲究水平及垂直程度的照片的摄影师可以把这项功能开启，这样快速构图有一定的帮助。

1.2 播放菜单

1.2.1 保护设定

为了防止误操作而删除重要照片，我们可以事先对这些照片进行保护设定。受保护的照片上会显示特定标记。

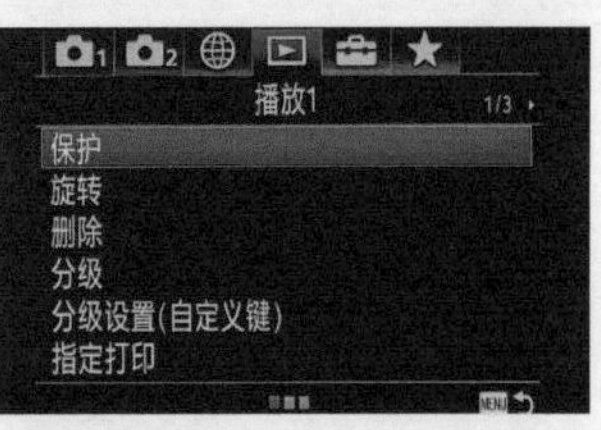

保护设定界面

1.2.2 旋转设定

回放照片时横向放置相机，即使退出该功能，照片也会保持旋转后的状态。使用旋转功能就可以将照片旋转90° 。

旋转设定界面

1.2.3 评级设定

即使一次性拍摄大量照片，照片的品质及艺术感也会有较大差别。用户在回放观察照片时，可以根据照片的实际情况进行标注。例如，必定要保留，并要在后续进行更多艺术加工的照片，可以标定为4星；而几乎不用进行后期深度加工就已经非常完美的照片，可以标定为5星。1星、2星和3星的标定同理。

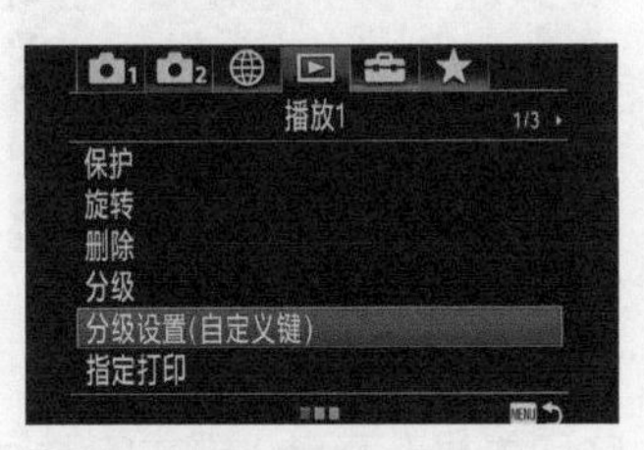

照片评级设定界面1

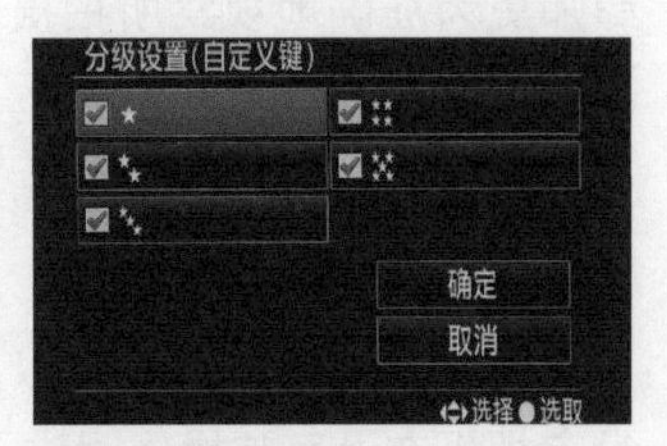

照片评级设定界面2

1.2.4 显示旋转设定

开启该功能后，回放竖拍的照片时，照片能够旋转90° ，便于用户在平持相机时观看竖拍的照片。

如果关闭该功能，那相机会始终横向显示记录的影像。

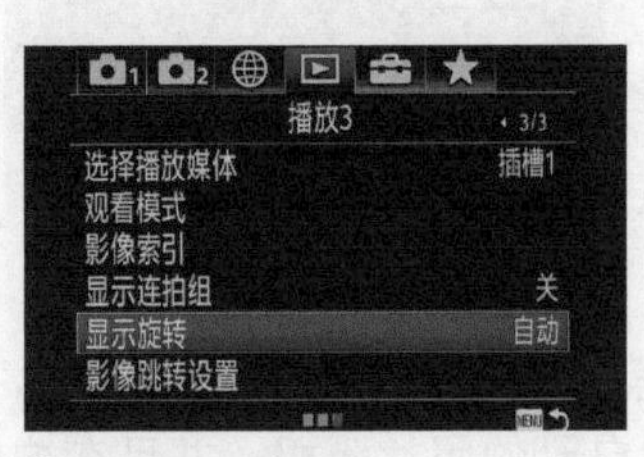

显示旋转设定界面1

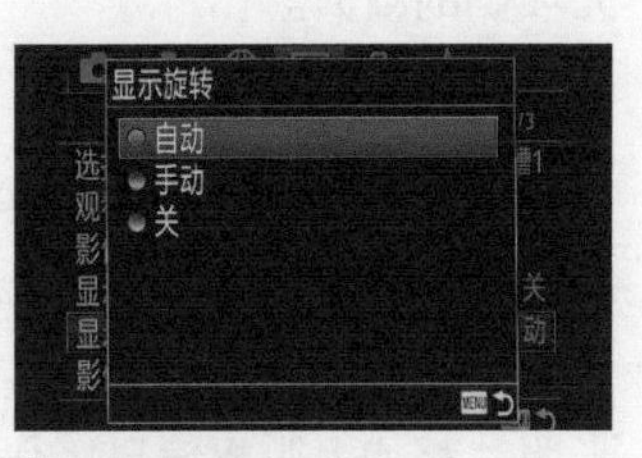

显示旋转设定界面2

1.3 设置菜单

1.3.1 显示屏与取景器亮度设定

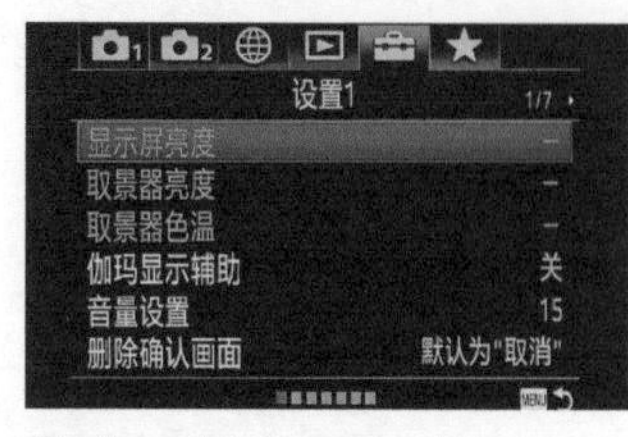

显示屏亮度设定界面

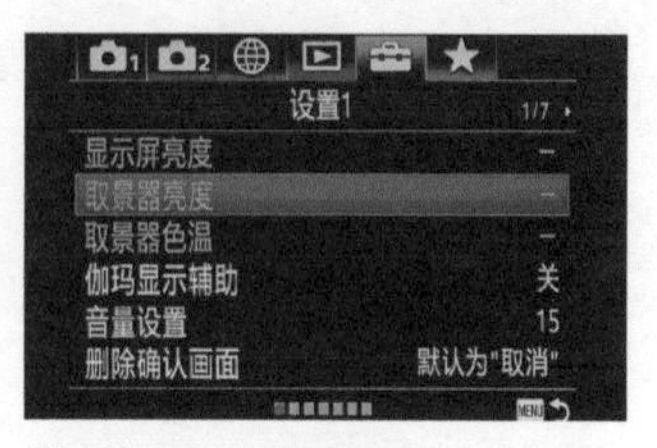

取景器亮度设定界面

利用这项设定，用户可以改变显示屏的亮度。

理想的显示屏亮度是在观看时，能准确看到照片明暗及色彩层次的差异及变化。若显示屏的亮度设定得太低，暗部就会变得不太清楚；若显示屏的亮度设定得太高，暗部则不够黑，亮部也可能难以看出区别。

对于电子化程度很高的SONY α系列相机来说，取景器亮度的设定与显示屏亮度的设定的意义是一样的。

由于在不同的照明环境下观看显示屏，会有不同的视觉效果，建议摄影师根据所处的照明环境，灵活地调整显示屏的亮度。这有利于摄影师更为准确地观察所拍摄照片的曝光状态是否准确。

1.3.2 自动关机开始时间设定

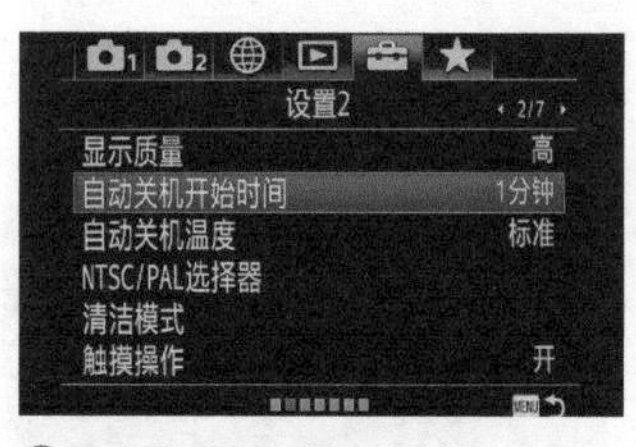

自动关机开始时间设定界面1

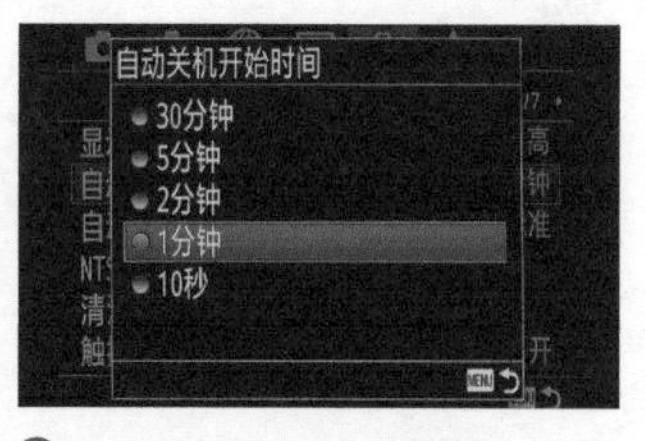

自动关机开始时间设定界面2

通过此功能，我们可以设定相机在没有被操作时进入自动关机（节电）模式的时间，防止电池电量的无谓消耗。如果进行半按快门按钮等操作，便能够恢复拍摄。

不对相机进行任何操作时，相机会一直处于测光状态，最简单的例子是开启实时取景功能时，可以发现夜景监视器的画面会一直显示曝光准确的画面。

1.3.3 版权信息设定

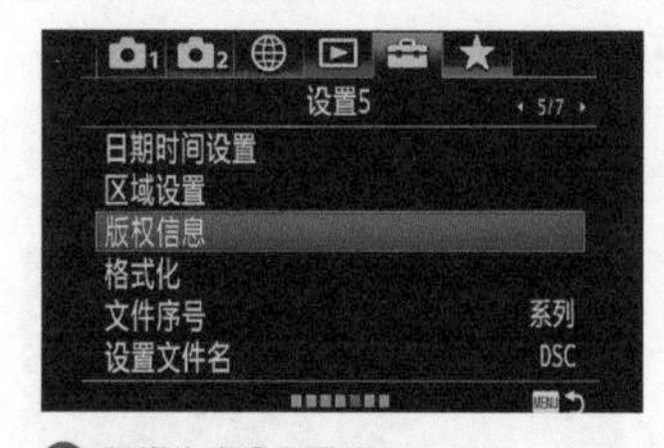

版权信息设定界面1

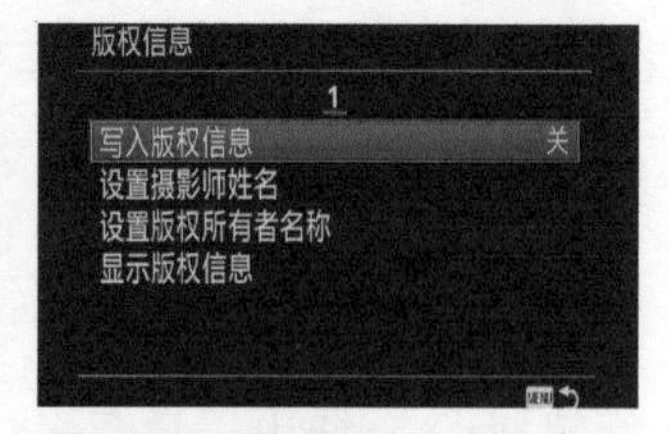

版权信息设定界面2

这项设定是让摄影师为每张照片添加版权信息，例如摄影师名字、版权拥有者等。这是一个很好用的功能，我们应善用这个功能，为每张照片都加上版权信息，保护自己的照片版权，并且在拍摄前设定好。

但如果要将相机借给别人，最好在借出相机前关闭此功能，以免引起不必要的误会。

1.3.4 文件序号设定

每拍摄并存储一张照片，照片会以特定的编号排定次序。在该设定下有系列和复位两个选项，设定为系列时，所有照片会从0001的编号开始，到9999的编号结束；设定为复位时，不同的文件夹中的文件均是从0001的编号开始，到9999的编号结束。后者会导致一个问题，一旦将不同文件夹的照片混放在一起，就会出现照片编号冲突的情况。所以通常情况下，要选择系列选项。

文件序号设定界面1

文件序号设定界面2

1.3.5 设置文件名设定

利用该功能，摄影师可选择用字母A～Z及数字0～9作为新文件名称的预设字头。当更改完预设字头后，相机会把sRGB格式的照片及Adobe RGB格式的照片以不同方法标示。例如，将照片文件名称字头设定为DSC后，sRGB格式的照片文件名称可为“DSC 01234”，Adobe RGB格式的照片文件名称为“_DSC 1234”。

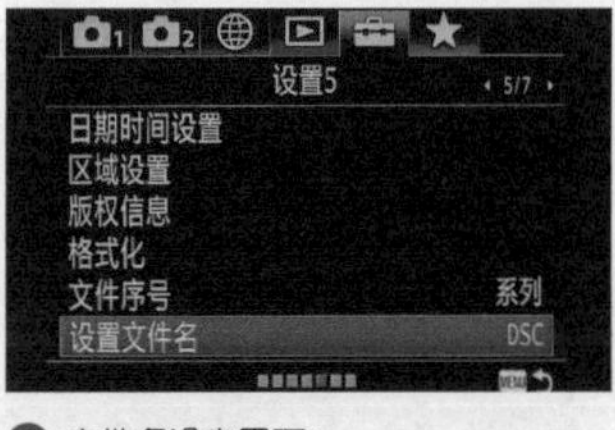

文件名设定界面1

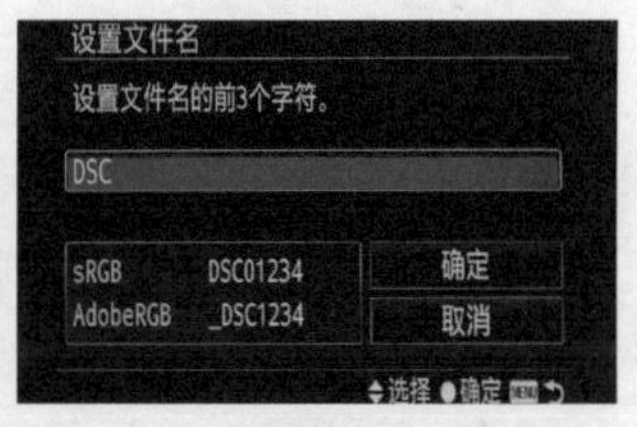

文件名设定界面2

摄影师可以用自己姓名的首字母或常用易识别的英文作为预设字头，这样方便识别，此方法尤其适合那些每次都要进行大量拍摄的摄影师对照片进行分类存档。

1.3.6 出厂重置设定

如果摄影师对相机菜单的各种功能不太熟悉，但又进行了大量菜单设定，或者对菜单进行了太多设定，让相机的拍摄产生了诸多混乱，那么可以将相机的设定恢复出厂设置，即恢复初始的默认状态。

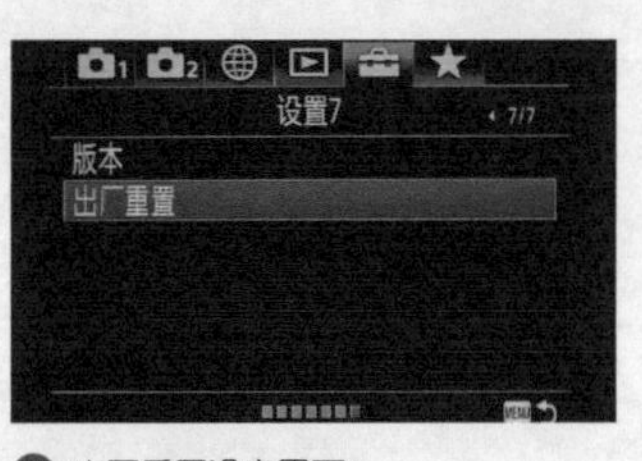

出厂重置设定界面1

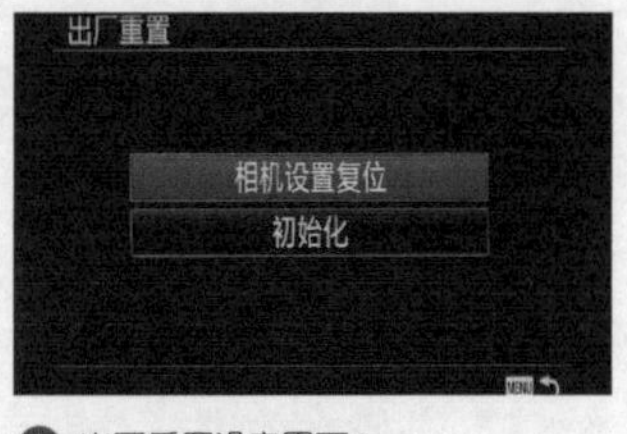

出厂重置设定界面2

1.4 我的菜单

我的菜单这项功能其实是很贴心的。它是指将摄影师经常使用的对焦菜单设定、曝光菜单设定、画质设定、照片格式设定等功能，移动到我的菜单内，集中起来。这样做有很大的好处，下次拍摄时，摄影师没有必要进入不同的菜单寻找不同的功能进行设定，在我的菜单内就可以集中设定常用的重要功能，快速实现拍摄。这样可以节省拍摄前的准备时间，提高拍摄效率。

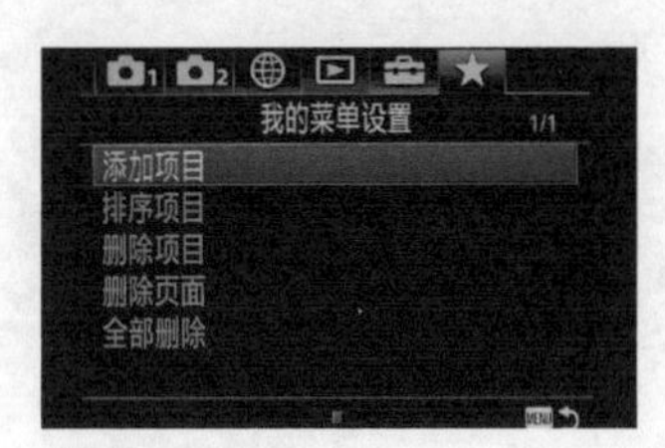

我的菜单设置界面

CHAPTER 2

第2章

开始创作——各种曝光模式的特点与适用场景

在拍摄一张照片前，我们首先需要选择曝光模式。P、S、A、M曝光模式是指在指定前提下，光圈与快门速度在相机测光数据指导下形成的组合设定。当光线条件确定时，无论采用哪种曝光模式，都可以获得相同的曝光量。在实拍中我们可以发现，有时在不同曝光模式下，会得到相同的曝光组合。通过变换曝光模式进行拍摄和对比，我们可以更好地了解不同曝光模式之间的差异，更好地掌握不同曝光模式的使用技巧。

SONY α 系列相机的性能与设计风格都更趋近于高级别的专业相机，所以本章主要介绍4种专业的曝光模式——P（程序自动）、S（快门优先自动）、A（光圈优先自动）、M（手动）——这是所有数码单反相机都具备的标准配置，可以满足几乎所有的摄影创作需求；同时还介绍由M曝光模式延伸出来的B门。

如何根据自己的拍摄对象选择恰当的曝光模式是令很多摄影初学者感到困惑的问题。其实P、S、A、M曝光模式的基本原理并不复杂，它们各自有不同的特点，适用于不同的拍摄场景。同时，相机在不同曝光模式下可用的功能也有所不同。我们有必要对其进行深入了解，并熟悉各种曝光模式的不同特点及其适用的题材和场景。

本章以SONY α7R Ⅳ为例进行讲解。

光圈f/4，快门速度30s，焦距48mm，感光度ISO320

2.1 轻松进入创作状态——程序自动曝光（P）模式

程序自动曝光模式俗称“P挡”，是初学者最容易上手的创意拍摄模式，适合刚刚入门的新手或在光线复杂的环境下抓拍时使用。

在程序自动曝光模式下，相机根据自动测光的结果，提供光圈和快门速度的合理组合。在程序自动曝光模式下，光圈和快门速度由相机自动设定，但是摄影师可以针对实际情况进行偏移或曝光补偿操作。

初学者使用P挡拍摄的成功率较高，但是由于光圈与快门速度的组合是相机自动设定的，在面对一些特殊场景时，可能无法获得最佳的视觉效果。

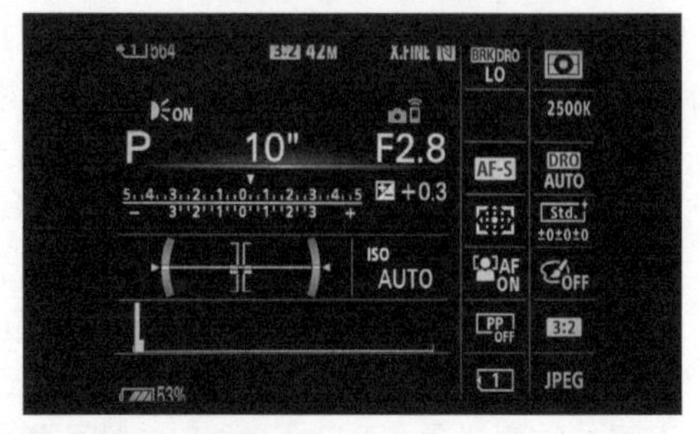

P挡下的显示屏界面

2.1.1 P挡适用对象：无须进行特殊设置的题材

1. 旅行留影

旅行途中拍摄纪念照，注重的是清晰明确地展现所见，无须进行过多的拍摄设置。使用P挡在各种天气条件下都可以得到较理想的曝光效果，且光圈和快门速度的组合可以确保图像清晰。 光圈f/2.8，快门速度1/90s，焦距70mm，感光度ISO640

2. 街头抓拍

日落时的一束光线投射到城门洞一侧的墙上，骑自行车的父亲载着女儿驶过，抓拍这种场景，P挡非常适合，基本能够确保画面各部分曝光都比较准确。 光圈f/5.6，快门速度1/400s，焦距21mm，感光度ISO500，曝光补偿-2EV

3. 光线复杂

相机设定在P挡，摄影师可以将技术问题都交给相机解决，而把注意力更多地集中在被摄主体上，随时捕捉精彩的画面。 光圈f/4，快门速度1/6s，焦距24mm，感光度ISO1000

拍摄雪中的黄山松，使用P挡可以确保画面曝光准确。 光圈f/4.5，快门速度1/250s，焦距105mm，感光度ISO100

2.1.2 P挡进阶：柔性程序

在使用SONY α 系列相机的程序自动曝光模式拍摄时，相机会自动设定光圈与快门速度的组合。在此基础上，摄影师可以在测光曝光开启时旋转主指令拨盘，在保持曝光量不变的基础上选择不同的光圈和快门速度的组合，即使用柔性程序。

如EV值为12时（晴天，顺光拍摄），相机会自动将曝光组合设定为光圈f/5.6、快门速度1/125s，摄影师可以使用柔性程序选择f/8、1/60s的组合或f/4、1/250s的组合等。

相同曝光量（EV值为12）的不同曝光组合（光圈×快门速度）举例如下。

f/16×1/15s

f/11×1/30s

f/8×1/60s

f/5.6×1/125s

f/4×1/250s

f/2.8×1/500s

f/2×1/1000s

f/1.4×1/2000s

……

通过在程序自动曝光模式下使用柔性程序，摄影师可以灵活地操控光圈，得到与光圈优先自动曝光异曲同工的效果。光圈f/5.6，快门速度1/250s，焦距200mm，感光度ISO200，曝光补偿-0.7EV

通过设定不同的光圈和快门速度的组合，摄影师可以控制景深与背景虚化程度、凝固运动物体或增强画面动感，得到不同的影像效果。摄影师使用程序自动曝光模式加柔性程序，可以轻松实现个人的拍摄创意，熟悉操作方法后可以替代光圈优先自动曝光模式和快门优先自动曝光模式来使用。

2.2 凝固高速瞬间或表现动感——快门优先自动曝光（S）模式

快门优先又称速度优先，是指由摄影师设定所需的快门速度，相机根据测光数据决定相应的光圈。快门优先自动曝光模式常用于拍摄体育运动、野生动物、流水等题材，摄影师可以通过高速快门凝固住运动的瞬间，或利用慢速快门创意地表现被摄体在运动中形成的动感。

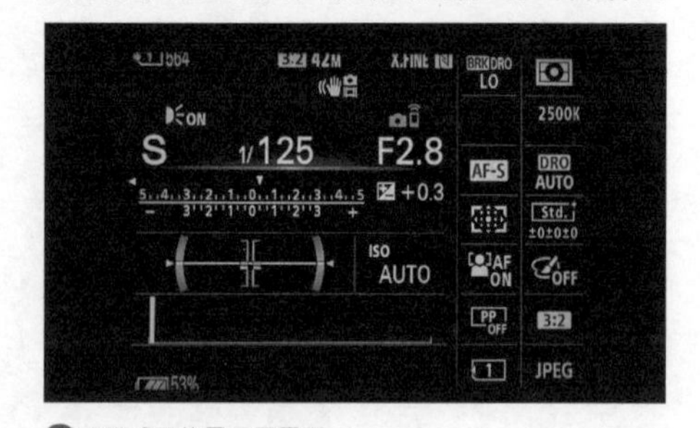

S模式下的显示屏界面

快门优先自动曝光模式多用于拍摄运动中的物体或要表现速度感的题材，快门速度的设定应当根据被摄体的运动速度决定。设定适当的快门速度需要丰富的经验积累，想获得成功的作品，摄影师需要多尝试不同的快门速度设定。

2.2.1 S模式的特点

摄影师控制快门速度，有利于抓取运动主体的瞬间表现或刻意制造模糊效果形成动感：快门速度由摄影师设定，光圈由相机根据测光结果自动设定。

快门速度设定后，相机会记忆设定的快门速度并默认用于之后的拍摄。测光曝光开启时（或半按快门按钮激活测光曝光），旋转主指令拨盘可以重新设定快门速度。

2.2.2 快门与快门速度的含义

快门（Shutter）是相机上用于控制曝光时间的装置，快门只有在按下快门按钮时才会开启，到达设定时间后关闭。光线在快门开启的时间内进入镜头到达感光元件。快门速度的设定决定了光线进入镜头的时长。

1. 快门速度的表示方法

快门速度是快门的重要参数，其标注数字呈倍数关系（近似）。

标准的快门速度值序列如下。

……2s，1s，1/2s，1/4s，1/8s，1/16s，1/30s，1/60s，1/125s，1/250s，1/500s，1/1000s，1/2000s……

SONY α 系列相机的快门速度可设置为30s~1/8000s，还可以设置B门（按下快门按钮，快门开启；放开快门按钮，快门关闭。曝光时间由拍摄者决定，多用于拍摄夜景）。

快门速度每提高一倍（例如从1/125s换到1/250s），感光元件接收到的光量就会减少一半。

快门速度：1/800s

快门速度：1/200s

快门速度：1/4s

快门速度：2s

不同快门速度下拍摄的照片。在高速快门下，可以看清水流和飞溅的水滴；而在低速快门下，流水呈现丝绸状，更具动感。

常见题材的快门速度范围

流动的车灯	瀑布与小溪	移动的人物	体育比赛	飞翔的鸟	高速赛车
15s~30s	0.5s~5s	1/250s	1/800s~1/1000s	1/1250s~1/1500s	1/2000s以上

2. 慢速快门的应用

一般我们把低于1/15s的快门速度视作慢速快门，由于曝光时间较长，通常会使用三脚架辅助拍摄。在使用慢速快门时，轻微的手抖和机震都会影响画面的清晰度，因此摄影师应当格外留意，条件允许的话尽量使用快门线、遥控器和反光镜预升功能，或采用自拍延时功能。

通常在光线较暗、为避免产生噪点降低画质又不能使用过高的感光度的时候，需要使用慢速快门。另外拍摄一些特定场景时，运用慢速快门可以获得独特的影像效果。

在一些光线不是很理想的场景中，如果设定高速快门，就需要使用较高的感光度，这会降低照片画质，而采用慢速快门，则可以得到画质更出众的画面。 光圈f/13，快门速度6s，焦距17mm，感光度ISO100

慢速快门拍摄参考设定

场景或对象	建议使用的快门速度
闪电、烟花、星空（地球自转形成的旋转轨迹）	B门
日落之后或日出之前的夜景	1s～30s
城市夜景、流水	1/4s～1s
夜景人像（配合闪光灯慢速同步）、灯光照明为主的室内环境	1/15s～1/4s

本画面为典型的使用慢速快门拍摄的夜景。静止的路灯、道路标志和交通标志牌都是清晰的，行驶中的车辆只留下尾灯拉出的红色光带。 光圈f/8，快门速度2s，焦距17mm，感光度ISO100

3. 安全快门速度

所谓安全快门速度，就是在拍摄时可以避免因手持相机的抖动造成画面模糊的快门速度。焦距越长，手持相机的抖动对画面清晰度的影响越大，此时安全快门速度也就越高。

这里提供一个简便的计算公式：

安全快门速度≤镜头焦距的倒数

例如，50mm的标准镜头，其安全快门速度是1/50s或更高；200mm的长焦镜头，其安全快门速度是1/200s或更高；24mm的广角镜头，其安全快门速度是1/24s或更高。

使用80-200mm变焦镜头的长焦端拍摄鸟的特写。由于镜头没有防抖功能，因此快门速度设定为1/320s，以保证照片的清晰度。 光圈f/11，快门速度1/320s，焦距160mm，感光度ISO250

这是一个方便记忆和计算的公式，我们在拍摄中可以根据其来设定快门速度。不过在这个公式里，我们没有将被摄体的运动考虑进去。实际上，在被摄体高速运动时，即使自动对焦系统保证追踪到被摄体，但如果快门速度不够，最终拍摄到的照片仍有可能是模糊的，因此根据镜头焦距计算出的安全快门速度只供摄影师参考。

建议摄影师在未使用三脚架拍摄时，将用公式计算得到的安全快门速度至少提高到原来的2倍——也就是说，使用50mm的标准镜头时，快门速度应设置为1/100s或更高，这样可以保证充分发挥高像素的优势。

2.2.3 S模式的适用场景（根据运动速度呈现不同效果）

在进行体育摄影和动感人像的拍摄创作时，摄影师可以运用高速快门来凝固运动姿态，精彩的瞬间可以被高速快门记录下来，呈现出不同寻常的影像效果。

1. 野生动物

使用500mm的长焦镜头手持拍摄，还要非常清晰地凝结下远处海鸟的动态，较高的快门速度是必不可少的。 光圈f/4，快门速度1/2000s，焦距400mm，感光度ISO800，曝光补偿+0.7EV

2. 运动主体

运动中的人物距离相机相对比较近，这样相对速度会更快，要拍摄到人物清晰的瞬间，就需要使用较高的快门速度。 光圈f/4，快门速度1/1250s，焦距160mm，感光度ISO100，曝光补偿-0.3EV

3. 梦幻水流

将流动的水拍出飘动的薄纱的感觉，必须进行长时间曝光。使用快门优先自动曝光模式，将曝光时间设为0.5s，流水连成一片，形成丝绸般的质感，烘托出梦幻的气氛。 光圈f/4，快门速度1/2s，焦距19mm，感光度ISO320，曝光补偿-0.7EV

4. 动感光绘

顾名思义，光绘技法就是将光源作为“画笔”，在黑暗背景的衬托下，运动的光源经过长时间曝光可以描绘出美妙的图案。光绘可以是利用电筒在空中绘制图案与文字，或是勾勒建筑等景物的轮廓，还可以是记录道路上川流不息的汽车尾灯。这个技巧多用于夜景拍摄，通常需要数秒以上的曝光时间。在拍摄时，摄影师要设定慢速快门，让行驶中的车辆形成模糊的彩色光影，为画面增添动感。 *光圈f/4，快门速度10s，焦距14mm，感光度ISO1250*

2.3 控制画面景深范围——光圈优先自动曝光（A）模式

光圈优先自动曝光是指由摄影师根据场景设定所需的光圈值，由相机根据测光数据自动决定合适的快门速度。在拍摄风光、人像、建筑、微距等题材时，光圈优先自动曝光模式可以通过调整光圈的大小，控制作品中背景景物的清晰与虚化范围，令主体更为突出。

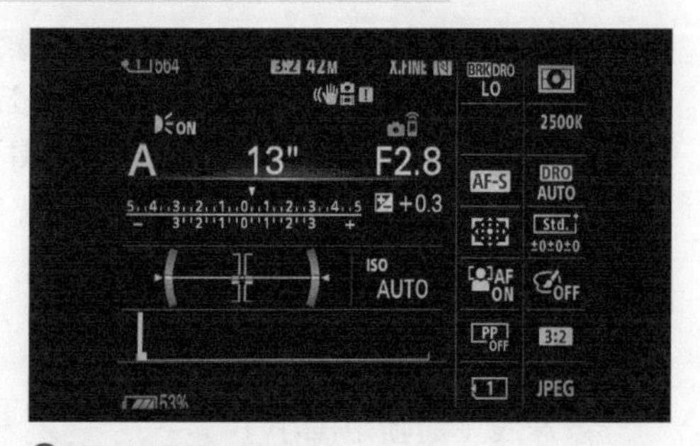

A模式下的显示屏界面

光圈优先自动曝光模式是摄影师最常选用的曝光模式之一，摄影师根据所需要的景深对光圈值进行设定，快门速度则由相机曝光系统自动决定。在此基础上，摄影师还可以决定是否进行曝光补偿及确定曝光补偿的数值。

2.3.1 A模式的特点

由摄影师控制光圈大小，以决定背景的虚化程度：光圈值由摄影师主动设定，快门速度由相机根据光圈值与现场光线条件自动设定。

光圈值设定后，相机会记忆设定的光圈值并默认用于之后的拍摄。测光曝光开启时（或半按快门按钮激活测光曝光），旋转副指令拨盘可以重新设定光圈值。

2.3.2 理解光圈

1. 光圈的结构

光圈（Aperture）是用来控制透过镜头照射到感光元件的光量的装置，通常安装在镜头内部，由5～9个光圈叶片组成。叶片数越多，由其构成的光圈越接近圆形。光圈的形状会对焦外成像的效果有明显的影响。

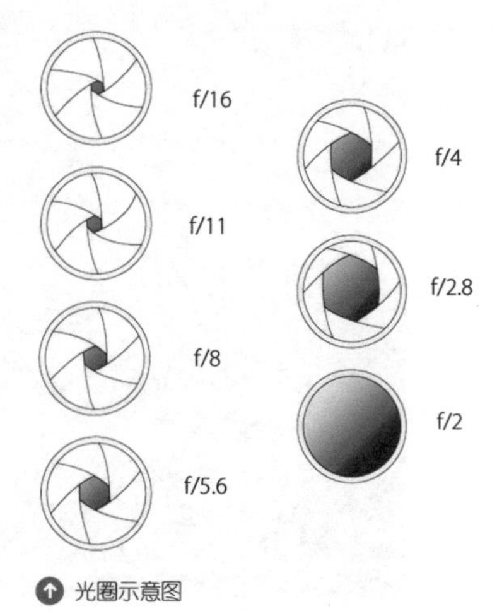

光圈示意图

2. 光圈值的表现形式

光圈的大小用f值表示：

f值=镜头的焦距 ÷ 光圈直径。

而进入镜头的光量与光圈直径的平方成正比，因此光圈值是以2的平方根（约1.4）的倍数关系变化的。

标准光圈值序列一般如下：f/1，f/1.4，f/2，f/2.8，f/4，f/5.6，f/8，f/11，f/16，f/22，f/32，f/44，f/64。

3. 光圈对成像质量的影响

对于大多数镜头，缩小两级光圈即可获得较佳的成像质量。通常光圈缩小到f/8~f/11可以得到最佳成像质量。过大（如最大光圈）或者过小的光圈（小于f/11）均会令成像质量下降。

4. 光圈对曝光的影响

光圈孔径代表镜头的通光口径。当曝光时间固定时，大光圈意味着进光量较大，曝光量较高。因此在照片曝光不足时，可以通过开大光圈来得到正确的曝光。而光线很强烈时，就需要适度缩小光圈。

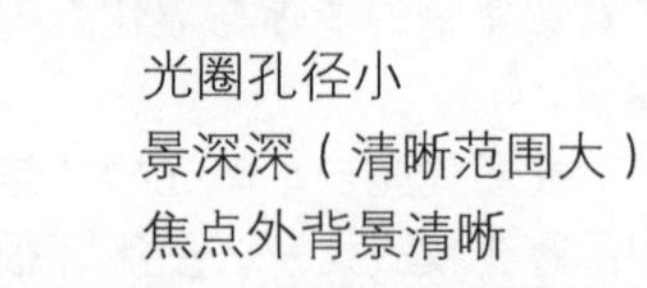

大光圈与小光圈

5. 不同光圈的特点

光圈孔径大	→	光圈孔径小
景深浅（清晰范围小）	→	景深深（清晰范围大）
焦点外背景虚化	→	焦点外背景清晰

拍摄特写常用到大光圈、浅景深得到虚化的背景，突出主体；拍摄风景则更多用到小光圈，以得到尽可能深的景深，此时画面从近到远都很清晰，信息量丰富。

关于光圈需要注意以下几点。

1. f值越小，光圈越大，单位时间内的进光量越多。

2. 上一级光圈的进光量是下一级的2倍——光圈从f/2.8调整到f/2就是光圈开大一级，f/2的进光量为f/2.8的2倍。

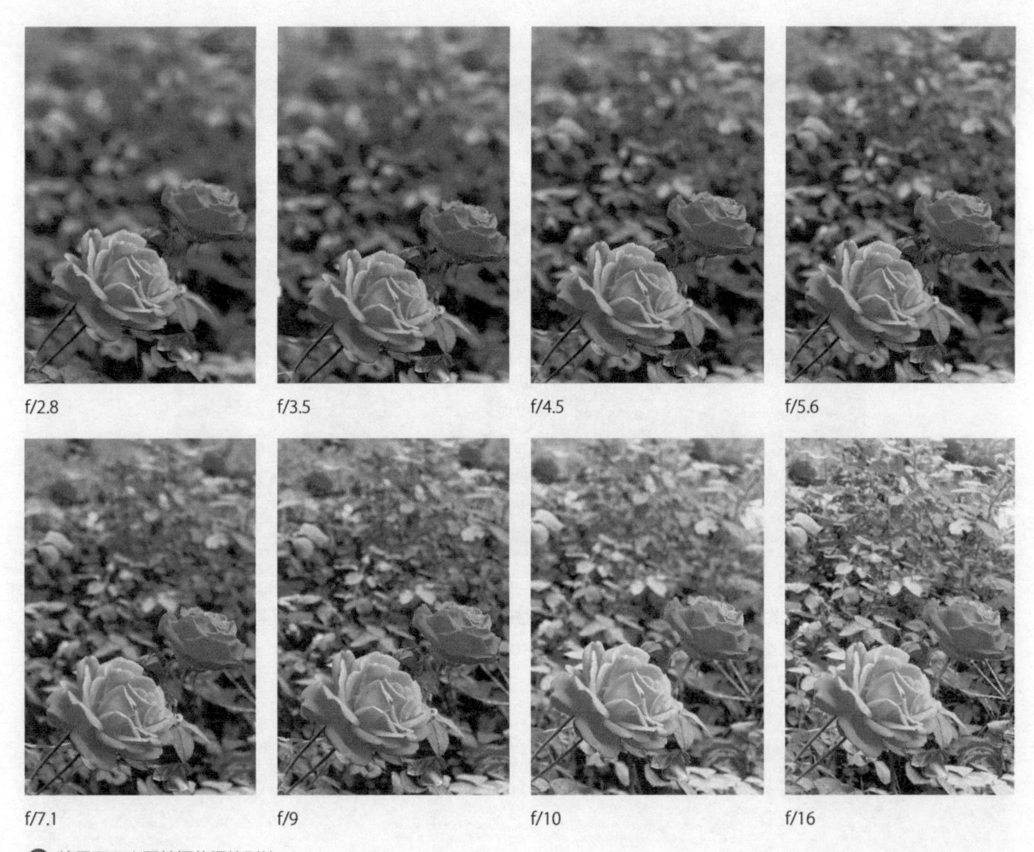

使用不同光圈拍摄的照片对比

3. 最大光圈和最小光圈的成像质量都不是最理想的；镜头的最佳光圈大多在f/8~f/16。

2.3.3 A模式的适用场景：需要控制画面景深的场景

1. 自然风光

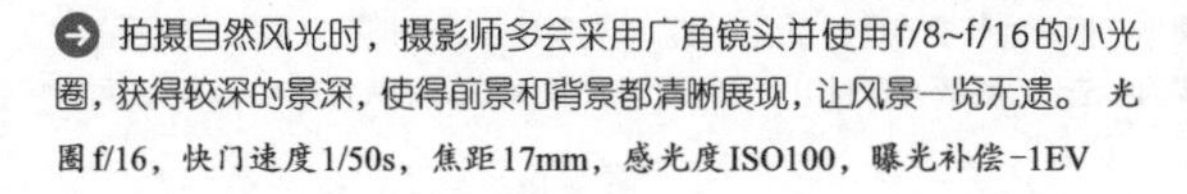

拍摄自然风光时，摄影师多会采用广角镜头并使用f/8~f/16的小光圈，获得较深的景深，使得前景和背景都清晰展现，让风景一览无遗。 光圈f/16，快门速度1/50s，焦距17mm，感光度ISO100，曝光补偿-1EV

2. 人物特写

人物是作品的主要表现对象，绿植及花卉只是点缀，使用大光圈控制景深，可以虚化背景，突出主体人物。由于光线充足，因此快门速度高达1/320s，可以展现人物的瞬间神态。 光圈f/2，快门速度1/320s，焦距135mm，感光度ISO200

3. 静物花卉

拍摄静物花卉时，控制景深可以帮助观看者将目光聚集在摄影师想要表达的重点位置。用特写的手法表现花朵形态，光圈开到f/2.8，尽可能将花朵以外的其他元素模糊。这种以虚衬实的手法，在拍摄人像时也会经常用到。 光圈f/2.8，快门速度1/200s，焦距105mm，感光度ISO100

4. 环境人物

⬆ 虽然拍摄环境人物时一般使用小光圈，但本例中为避免画面显得杂乱，因而采用了“大光圈+短焦距”的组合。 光圈f/5.6，快门速度1/160s，焦距31mm，感光度ISO320

2.4　特殊题材的创意效果——手动曝光（M）模式

手动曝光模式意味着曝光组合完全由摄影师掌控，摄影师在按下快门按钮之前，需要在机内自动曝光指示的辅助下迅速调整光圈与快门速度以确定理想的曝光组合。对于新手来说，手动曝光模式不易掌控，因为其要在很短的时间内判断出合理的光圈与快门速度并同时进行设置操作，这有一定的难度，需要新手多加练习。

在手动曝光模式下，摄影师不必考虑曝光补偿，SONY α 系列相机的测光系统会在取景器内显示当前曝光设定与相机测光的差值，这个差值起到了与曝光补偿相同的作用。

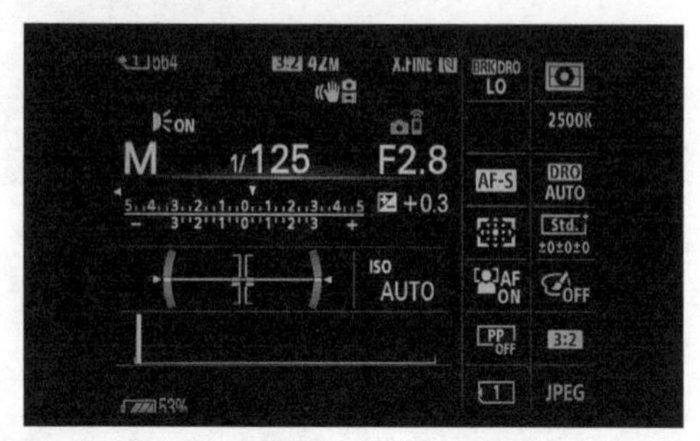

M模式下的显示屏界面

在拍摄特定题材时，使用需要更多人工设定的手动曝光模式可以更好地体现创作者的意图——如长时间曝光得到的有动感的流水、夜晚焰火划过的轨迹等。

手动曝光模式延续了手动相机的使用和操作习惯，资深摄影师会根据自己的拍摄经验和对影像效果的想象，通过自由控制光圈、快门速度来控制照片的影调。在极端的场景中，手动曝光会比相机自动曝光的结果更准确。

在使用M模式时，相机的测光数据仅作为辅助，相机并不参与曝光设定（光圈与快门速度需要摄影师自行设置）。尽管有相机自动测光的数据作为参考，手动设定光圈与快门速度仍需要依靠摄影师丰富的拍摄经验。

2.4.1　M模式的特点

摄影师根据场景特点和光线条件有针对性地设置光圈与快门速度，相机的测光数据仅作为参考。

2.4.2　M模式的适用场景：完全自主控制曝光的场景

1. 外接影室灯的拍摄

无论在影室内拍摄人物还是商品，都需要使用影室灯进行仔细的布光。快门速度需要根据闪光型影室灯的同步速度设定，而光圈要根据景深的需要进行人工设定，因此必须使用M曝光模式进行拍摄。为保证与闪光型影室灯的同步速度匹配，最好将快门速度固定在1/100s进行全程拍摄。

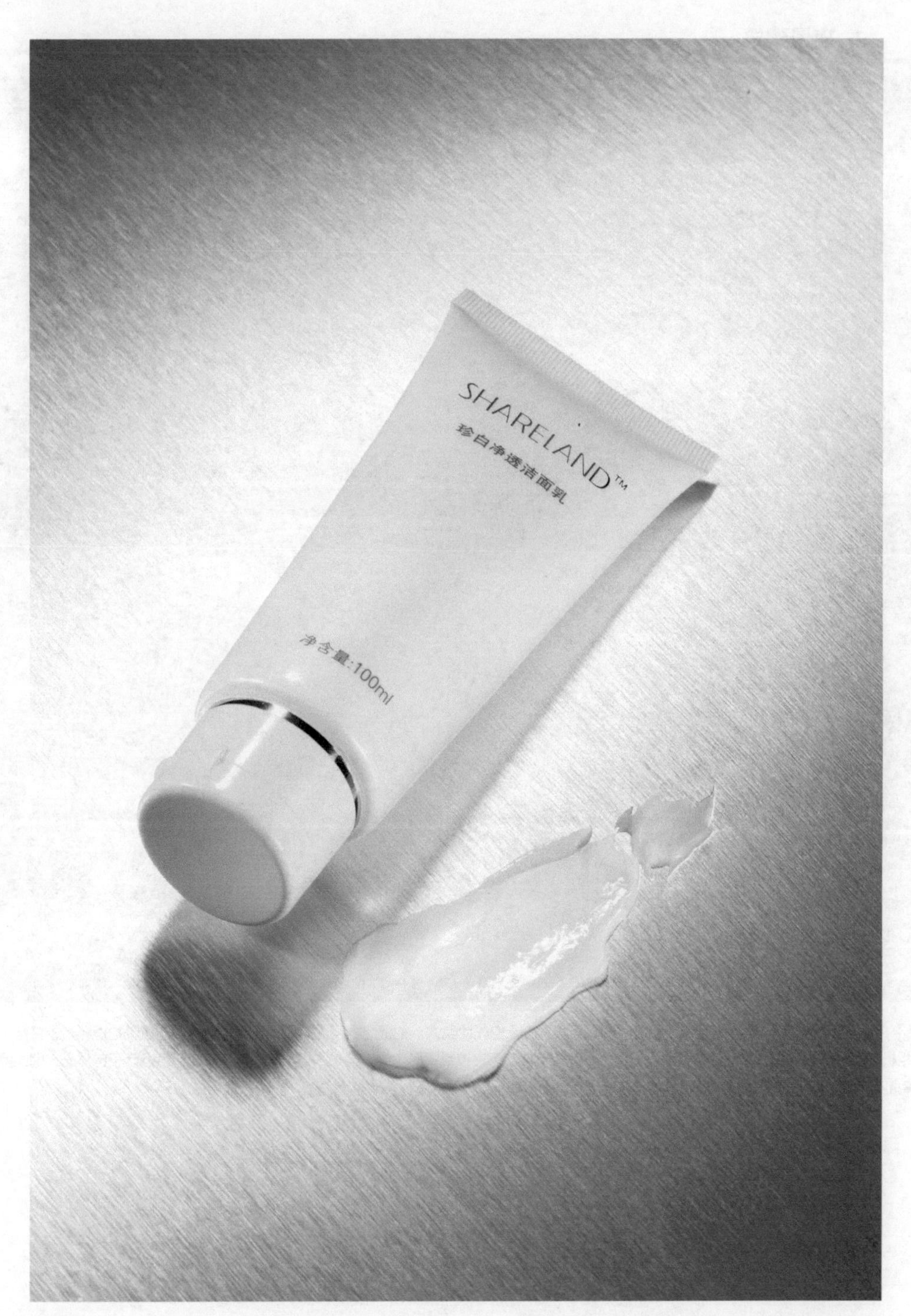

商业类摄影图片需要商品整体都表现清晰，因此设定光圈时，通常使用f/16甚至更小的光圈以保证整个画面的清晰度。而为了保证画面的亮度，则可以调整影室灯的输出光量。 光圈f/20，快门速度1/125s，焦距100mm，感光度ISO100

2. 夜景建筑

夜晚拍摄的被灯火照亮的建筑，明亮的建筑与漆黑的天空光比巨大。拍摄此类照片需要摄影师具有一定的夜景拍摄经验，并参考相机的测光结果，采用M模式，对曝光进行严格的控制。注意在夜景摄影中，人工光线看起来很强，其实照度远低于自然光，因此摄影师需要使用较长时间的曝光以获得充足的曝光量。 光圈f/8，快门速度2s，焦距35mm，感光度ISO100

3. 长时间曝光创意风光摄影

拍摄流动的小溪时可以使用慢速快门，根据流水的速度和创意的要求，设定快门速度，通常快门速度要在1s以上，这样才能展现出效果。因此，需要手工设定尽量小的光圈如f/22，这样不但增加了曝光时间，还可以让水中的石头呈现出更清晰的层次。 光圈f/22，快门速度20s，焦距24mm，感光度ISO50

2.5 长时间曝光——B门

B门专门用于长时间曝光——按下快门按钮，快门开启；松开快门按钮，快门关闭。这意味着曝光时间的长短完全由摄影师控制。在使用B门拍摄时，最好使用快门线来控制快门的开关，这样不但可以避免手与相机直接接触造成照片模糊，而且增强了拍摄的方便性，同时曝光时间可以长达几个小时（长时间曝光前，要确认相机的电池电量充足）。

在M曝光模式下，向左转动转盘，至显示屏上出现“BULB”字样，即设定B门。

2.5.1 B门的特点

摄影师自行设定光圈，并操控快门的开启与关闭，根据场景和题材控制曝光时间。

2.5.2 B门的适用场景：超过30秒的长时间曝光场景

B门专门用于满足长时间曝光创作的需要。相机设定B门后，摄影师按下快门按钮，快门开启；松开快门按钮，快门关闭。曝光时间的长短完全由摄影师控制。在M模式的最长曝光时间是30s，而B门的曝光时间可以长达数个小时。所以同样是拍摄夜空，使用M曝光模式只能拍摄到繁星点点，而使用B门，可以拍摄出星轨。

拍摄星轨照片时，要想展现出星星运动的轨迹，最少要使用5分钟以上的曝光时间，才能得到上图这样的效果，而如果想要表现出斗转星移的同心圆效果，则技巧更为复杂。首先取景时要将中心对准北极星（向正北方对焦），且曝光时间至少要在20分钟以上，才能得到更为明显的效果。当然，相机的电量一定要充足，以保证全程连续拍摄。严格来说，要拍摄出完美的同心圆星轨，往往需要3个小时以上的时间，但数码类相机一般无法支撑如此长的拍摄时间，电量不足是一个影响因素，噪点严重破坏画质是另外一个影响因素。 光圈f/3.2，快门速度1254s，焦距25mm，感光度ISO100

提示

随着技术的更新和进步，现在利用B门拍摄星轨的情况越来越少了，大多是固定视角，使用常规拍摄模式，最终进行照片堆栈得到星轨。

CHAPTER 3

第3章

对焦学问大

对焦技术是非常容易被忽视的，初学者往往认为拍摄时只要设定为自动对焦，半按快门按钮对焦，完全按下拍摄即可。

殊不知，拍摄时对焦点位置的选择、特殊场景的对焦技巧选择、特殊对焦手法的运用、不同状态对象的拍摄，都是需要深思熟虑的。只有合理运用对焦技术，才能拍摄出清晰的瞬间画面，或是打造出多变的动感特效。

本章以SONY α7R Ⅳ为例进行讲解。

光圈f/4，快门速度1/2000s，焦距115mm，感光度ISO320

3.1 对焦原理一说就懂

3.1.1 简单搞懂对焦原理

相机的对焦，是透镜成像的实际应用，透镜成像效果取决于透镜焦距。2倍焦距之外的物体，透镜成像时会位于1倍焦距到2倍焦距之间。将镜头内所有的镜片等效为一个凸透镜，那拍摄的场景成像就是在1~2倍焦距。

相机的感光元件一般固定在1~2倍焦距之间的某个位置，拍摄时，调整对焦，让成像落在感光元件上，照片就是清晰的，表示对焦成功；如果没有将成像位置调整到感光元件上，那照片就不清晰，即没有成功对焦。

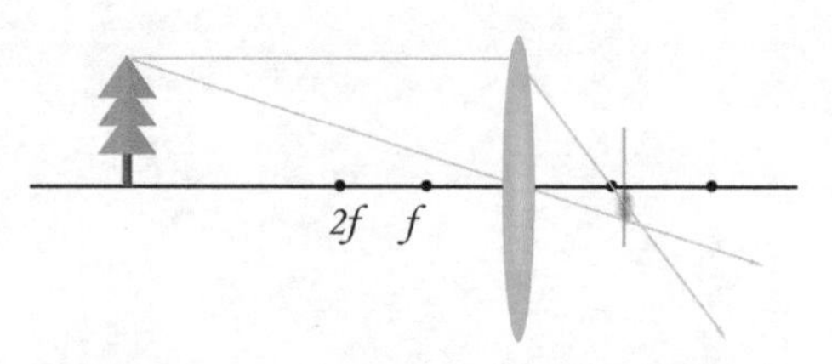

如果没有对焦成功，则表示成像位置偏离了感光元件，照片是模糊的。

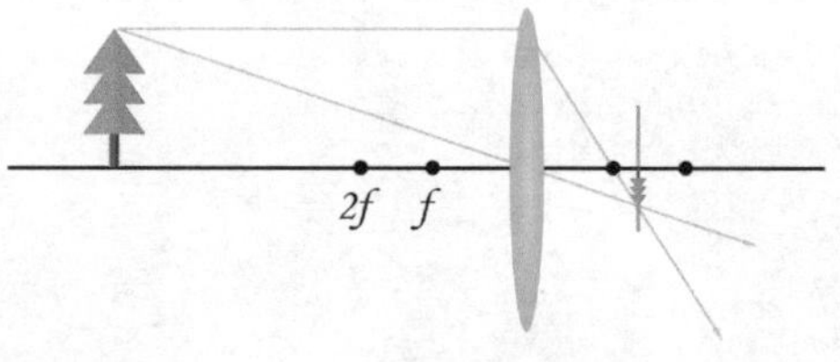

调整对焦，让成像位置恰好落在感光元件上，对焦成功，则拍摄的照片是清晰的。

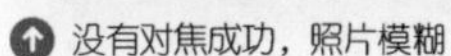
没有对焦成功，照片模糊

对焦成功，照片是清晰的

3.1.2 控制对焦的两个环：变焦环与对焦环

相机在对焦时，对镜头内镜片的控制，是通过两个环进行的：一个是变焦环，另一个是对焦环。变焦环改变的是取景的视角，比如我们可以将极远处的景物拉近，使其更清晰，显示出更多细节，但这样做的话取景视角就会小很多。例如，直接取景时，可以将远处的小鸟及其周边的环境都拍摄下来，但小鸟不够清晰；转动变焦环，将小鸟拉近，使其显得更清晰，但这样做的后果是取景视角变小，成像画面中只有小鸟，看不到周边环境。

对焦环是决定对焦是否成功的因素。转动对焦环，可以调节景物的成像是否落在感光元件上，从而得到清晰或模糊的照片。

对于大部分变焦镜头来说，前端的环是对焦环，靠近机身一端的环是变焦环。要注意的是，定焦焦距固定，没有变焦环

没有对焦成功的画面，是模糊不清的

转动对焦环对焦成功，画面清晰

转动变焦环，将场景拉远，取景视角更大

3.2 对焦操作与选择

3.2.1 自动与手动对焦

在自动对焦模式下，摄影师转动变焦环确定取景视角后，半按快门按钮，相机会自己控制对焦环调整对焦，让照片变得清晰；而在手动对焦模式下，摄影师转动变焦环确定取景视角后，还要转动对焦环进行对焦。

在镜头上将对焦滑块拨到AF（AUTO FOCUS）一侧，即设定自动对焦

↑ 相机无法自动对焦的场景（如光线太暗等），使用手动对焦模式会更方便一些，但摄影师要观察取景器内画面的清晰度变化。 光圈f/8，快门速度0.1s，焦距344mm，感光度ISO800

3.2.2 对焦难在哪里

如果对焦的主要任务是确保画面清晰，那很简单。对焦的难点在于对焦平面的选择，拍摄人物时应该对人物的眼睛对焦，拍摄花卉时应该对花蕊对焦，这种场景比较简单，但大多数时候，对焦平面的选择和控制并没有这么简单，我们面临的问题可能要复杂得多。

拍摄人物、动物、昆虫等对象时，对焦的位置应该是在对象的眼睛处，这样画面会生动、传神。 光圈 f/4，快门速度 1/125s，焦距 70mm，感光度 ISO800

拍摄大片的花朵时，对焦在较高的花朵上，这样照片才会好看。 光圈 f/2.8，快门速度 1/160s，焦距 200mm，感光度 ISO100

拍摄大场景的风光场景，对焦在画面的前 1/3 处是更好的选择，这样可以确保照片整体的清晰度更高。 光圈 f/8，快门速度 1/640s，焦距 9mm，感光度 ISO100

在夜晚的弱光场景当中，相机可能无法完成自动对焦，这时应该手动对焦。 光圈 f/2.8，快门速度 8s，焦距 16mm，感光度 ISO1600

拍摄一些密集的网格后的对象时，采用自动对焦总会对在前面的网格上，并不是我们想要对焦的位置，这时就应该选用手动对焦，对网格后的重点对象进行对焦。 光圈 f/3.2，快门速度 1/100s，焦距 123mm，感光度 ISO400

拍摄强烈的逆光场景时，我们会发现相机无法使用自动对焦，这时也应该改为手动对焦进行拍摄。 光圈 f/11，快门速度 1/800s，焦距 200mm，感光度 ISO100

3.2.3 单点与多点对焦

在全自动等模式下，相机会有多个对焦点同时工作，相机会用所有的自动对焦点进行对焦，而具体将焦点对在画面中的哪几个部位，是由相机自动选择的，这样我们经常可以看到取景框中有多个焦点框同时亮起，即所谓的多点对焦。（当然，在专业拍摄模式下，摄影师也可以设定多点对焦，激活所有对焦点就可以了。）

多点对焦时，相机优先选择距离最近和反差最大的对象进行对焦。多点对焦的优点是能够更快地对焦。在拍摄人物的集体合影及建筑等对象时，这种对焦方式是非常实用的。

多点对焦用于捕捉高速运动的对象非常有效，密集的对焦点中总有一个能够捕捉到运动对象，实现对焦。 光圈f/4，快门速度1/320s，焦距200mm，感光度ISO100

拍摄一般的静态风光场景也可以选择多点对焦，这样会省去人工干预的麻烦。 光圈f/9，快门速度1/250s，焦距74mm，感光度ISO100

对焦不仅是一个机械的过程，它需要摄影师根据创作主题思考“画面的主体是什么？哪里要实要清晰，而哪里要虚化？”而后手动指定单一的自动对焦点对准主体，引领相机完成自动对焦。这就是专业的对焦方式——手动选择单一对焦点，在需要的位置进行精确对焦，这也是专业摄影师通常的选择。而如果使用了相机的多点对焦，则最终画面中清晰的部分可能不是你想要的。

多点对焦的缺点在于由相机自行决定清晰对焦的位置，对焦时相机会优先对距离最近且有明暗反差的位置对焦，这样一般情况下实现清晰合焦的位置总在最前面，可能并不是我们想要的位置。比如上图这张照片，我们想要对焦在远处的花上，但多点对焦却会对焦在近处的花朵上。 光圈f/2.8，快门速度1/500s，焦距200mm，感光度ISO100

只有设定单点对焦，将对焦位置确定在远处的花朵上，才会拍摄出我们想要的效果。 光圈f/2.8，快门速度1/500s，焦距200mm，感光度ISO100

3.3 六大对焦区域模式的使用

3.3.1 自由点和扩展自由点

拍摄某些形体较小的景物时，适合选择单个对焦点。这时可以设定自由点这种对焦区域模式。自由点和扩展自由点两种模式的区别主要在于自由点（也可以认为是定点）的对焦区域更小，能够穿过密集树枝中间的孔洞、铁丝网对主体进行对焦；而扩展自由点则适合对一般的主体进行对焦，如对人物面部进行对焦等。

需要注意的是，对于大多数题材照片的拍摄，建议使用自由点，以快速实现对主体对象的对焦。

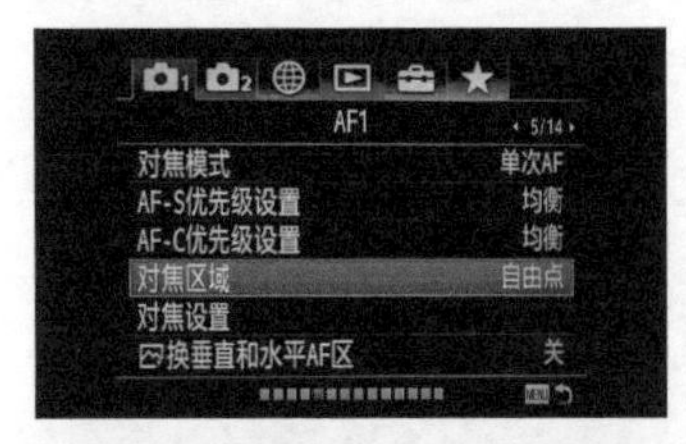

设定自由点进行对焦

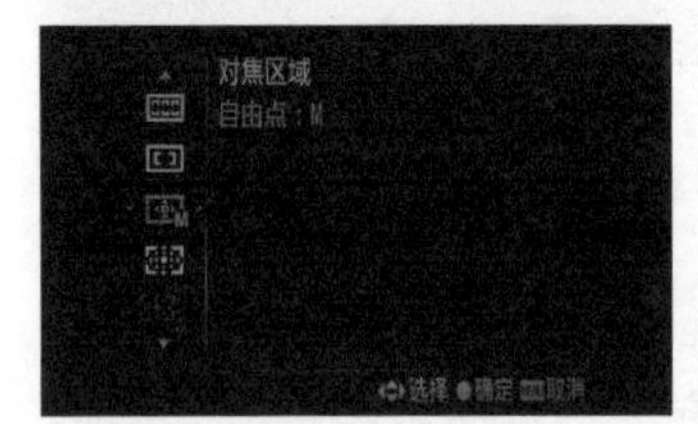

选择对焦区域

对铁丝网后面的动物进行对焦，为了避免铁丝网的干扰，设定自由点可以完成自动对焦。 光圈f/3.2，快门速度1/160s，焦距200mm，感光度ISO3200

对于一些较小，但运动幅度很小、动作很慢的对象，如果使用自由点则无法快速进行捕捉，这时就可以使用扩展自由点进行对焦，实现快速清晰对焦。

设定扩展自由点

对于飘摇的狗尾草，使用自由点可能无法快速对焦在想要的位置，这时使用扩展自由点以设定更大的对焦区域，能够快速实现合焦。 光圈f/4，快门速度1/100s，焦距200mm，感光度ISO100

3.3.2 广域和区

拍摄一些运动的对象时，单个对焦点可能无法及时、准确地覆盖到主体上，这样就会造成脱焦等严重问题。设定广域对焦，对焦区域扩大，这样一次启用多个对焦点，覆盖更大一些的区域，就更容易捕捉到运动的主体。

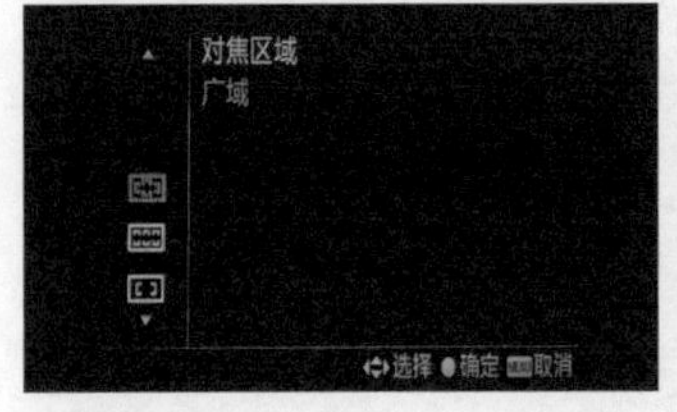

设定广域对焦

针对处于运动当中的马，设定广域对焦，多个对焦点有助于捕捉到马的头部。
光圈f/2.8，快门速度1/350s，焦距200mm，感光度ISO100，曝光补偿-0.3EV

与广域对焦相比，区自动对焦适合捕捉形体小一些、运动速度更快的运动对象。设定广域对焦可以一次性激活稍大区域的对焦点对运动对象进行捕捉，可以在考虑构图的同时快速捕捉被摄体。而设定区自动对焦则可以激活更多的对焦点，这样几乎能够快速捕捉到任何运动的主体。

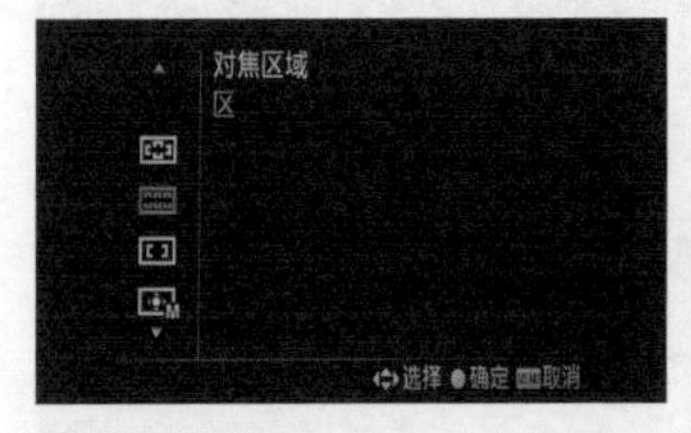

设定区自动对焦

针对本画面，设定区自动对焦，较大的对焦面积可以帮助摄影师快速实现对焦。
光圈f/8，快门速度1/30s，焦距20mm，感光度ISO100

3.3.3 中间

针对形体非常小、运动速度很快的对象，摄影师还可以一次性激活所有的45个对焦点，进行全方位的捕捉。这样对焦成功率最高。在拍摄无规律运动的主体，或需要捕捉快速移动的主体时，使用这种对焦区域模式非常有效。

另外，摄影师还可以在拍摄一些集体合影、深景深的风光题材时使用这种模式。

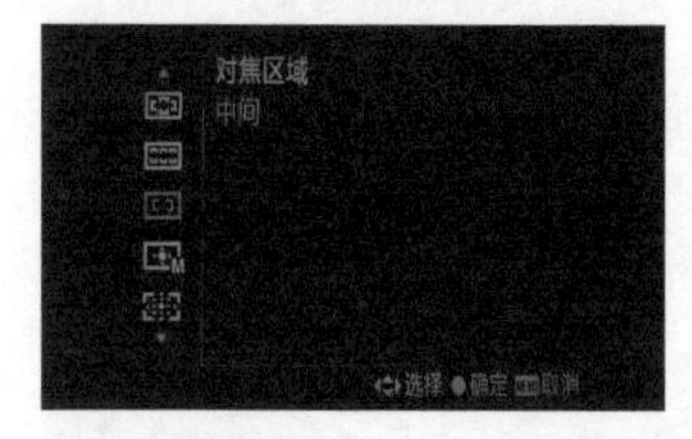

设定中间区域自动对焦

对中间区域进行对焦，然后锁定对焦，移动视角重新构图，也容易得到想要的效果。光圈f/8，快门速度1/50s，焦距35mm，感光度ISO100，曝光补偿-0.3EV

3.3.4 锁定AF：扩展自由点

如果半按快门按钮，相机会从所选AF区域开始跟踪被摄主体。对焦区域设为连AF-C时，可以通过控制拨轮的左/右改变锁定AF的开始区域，然后对被摄主体进行持续的对焦。

设定锁定AF，且设定为扩展自由点的对焦区域

开始时对准野鸭子的头部，锁定AF后，相机自动跟随野鸭子，实现持续的对焦，确保随时按下快门按钮都能捕捉到清晰的画面。光圈f/2.8，快门速度1/200s，焦距165mm，感光度ISO100，曝光补偿-0.3EV

3.4　3 种对焦模式

一般拍摄时，自动对焦有3种具体模式，分别为单次AF（自动）、自动AF和连续AF。

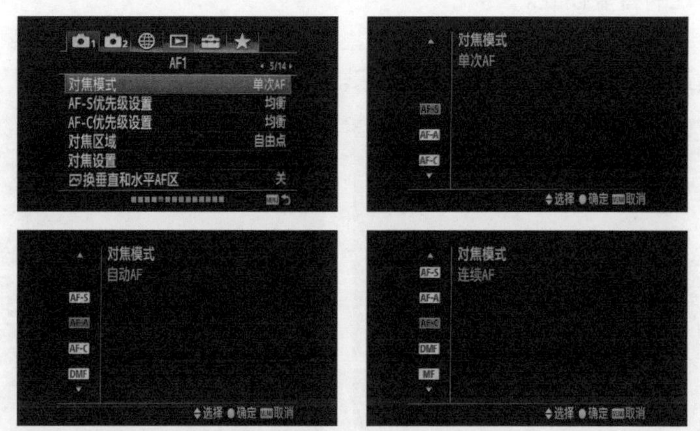

自动对焦模式下，常用的对焦模式有3种，分别为单次AF（AF-S）、自动AF（AF-A）和连续AF（AF-C）

单次AF也称静态对焦，适用于拍摄自然风光、花卉小品、静止的主体。在该模式下，半按快门按钮，相机将实现单次对焦。单次对焦的对焦精度最高，可以确保对焦位置非常清晰锐利，是日常创作中的主要对焦模式。

但是这种对焦模式的合焦速度相对慢一些，一旦遇到运动的对象，在合焦的过程中对象已经发生了移动，就拍摄不出清晰的画面了。所以，单次对焦适合拍摄静态画面：对于大部分的静态题材，使用“单次对焦+单点对焦”的拍摄组合，能够得到清晰度最高的画面效果。

拍摄静态的风光、花卉、人像等题材，高精度的单次对焦是正确选择。 光圈f/8，快门速度0.02s，焦距20mm，感光度ISO100

自动AF则是一种比较特殊的模式。使用这种模式时，如果主体突然由静止切换为运动，相机会自动切换为连续AF进行持续对焦。如果拍摄时景物依然是静态的，那么最终完成拍摄所使用的对焦模式就为单次AF，确保画面有更高的清晰度。自动AF可以说是一种预警性的智能模式。

连续AF虽然在对焦精度方面有所欠缺，但对焦速度很快，可以确保瞬间完成对焦，这样即便是高速运动的对象也能被捕捉下来。

拍摄随时可能产生运动的对象时，自动AF是最佳选择：主体维持不动，那最终拍摄时相机会切换为单次AF，以确保画面的高精度；主体变为运动状态时，相机会切换到连续AF进行持续对焦，以捕捉到清晰的主体。 光圈f/4，快门速度1/640s，焦距500mm，感光度ISO200

拍摄高速运动的对象时，我们应该优先关注的是能否快速完成合焦，捕捉到清晰的画面。单次对焦的合焦速度偏慢，合焦过程中，主体已经发生了移动，拍摄出来的主体就会不清晰，因此拍摄高速运动的对象应该选用能够持续对焦的连续AF。 光圈f/4，快门速度1/800s，焦距400mm，感光度ISO200

3.5 锁定对焦的用与不用

摄影时，大多数情况下主体并不在画面的中央，我们可以通过提前改变对焦点位置来实现拍摄时的清晰对焦。此外还有一种更常用的方法，那就是先对主体对焦，然后锁定对焦，再重新构图拍摄。具体的操作是先半按快门按钮对主体对焦，然后保持快门按钮的半按状态不要松开，再调整相机的取景视角进行构图，构图完成后完全按下快门按钮，完成拍摄。

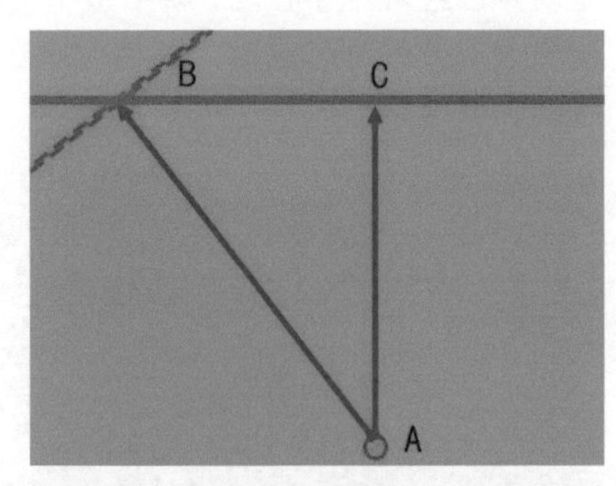

这种锁定对焦重新构图的方法是存在一定缺陷的，从示意图中可以看到，A为相机位置、B为被摄体位置，对焦完成后锁定对焦，调整取景视角到C处重新构图，这样相机与被摄体之间的距离就发生了一定的变化

锁定对焦是摄影师最常用的对焦方法之一，但在拍摄近距离的人像和花卉题材时最好不要使用。因为这种拍法有个问题，对焦后再调整取景视角，焦平面也会产生轻微的变动，这种变动在拍摄一些大场面的风光题材时影响不明显，但在拍摄近距离的人像、花卉等题材时，影响就很明显了。

锁定对焦在设定中小光圈拍摄一些远距离的风光题材时，影响不大，因此较为常用。 光圈f/11，快门速度1/320s，焦距39mm，感光度ISO100

3.6 最重要的一个对焦规则

对焦技术指的是我们对相机对焦功能的理解，以及在实拍过程中的合理运用，如什么时候该用自动对焦，什么时候该用手动对焦等。这些技术都是非常简单的，我们只要记住不同技术的运用场景就可以了。

实际上，摄影创作中更重要的是对焦位置的选择。我们选择对焦在哪个位置，就是要让该位置作为视觉中心。通常对焦位置就是主体的位置，或者是主体最重要的一部分的位置。下面我们将介绍拍摄各种不同题材时对焦位置的选择。

拍摄大场景的风光题材时，建议将重点景物放在取景画面的前1/3处，对焦位置也在此处，这样可以确保画面的景深更深，即远近景都能更加清晰。

拍摄一些单独的山峰时，应该对山峰顶部对焦，因为那是视觉中心所处的位置，并且这样可以强化山峰下端及山脊的边缘轮廓。

拍摄人时，正确的对焦位置应该是人物的眼睛。我们应该是先确定取景范围，再将对焦点移动到人物眼睛上，再对焦，完成拍摄。 光圈f/5.6，快门速度1/640s，焦距200mm，感光度ISO100

调整取景视角，让主体基本上位于画面前1/3处，再对焦在这个位置上，这样既能满足构图的需要，又能确保画面有更高的清晰度，一举两得。光圈f/8，快门速度1/15s，焦距16mm，感光度ISO100

拍摄花卉时，对花蕊对焦。光圈f/4，快门速度1/640s，焦距100mm，感光度ISO200

拍摄一些单独的主体时，可以对画面的视觉中心对焦，让这部分最清晰。本场景中，对被光照亮的植物顶部对焦。光圈f/13，快门速度1/320s，焦距19mm，感光度ISO100

第4章

光影明暗——测光与曝光

CHAPTER 4

人眼在一天中的不同时间、不同光线条件下看到的环境明暗程度是不同的。例如，正午阳光下我们会看到非常明亮的场景，而在夜晚则只能看见漆黑一片。这是因为人眼能够自行进行调整，以识别不同的光线条件。拍摄时，如果相机要识别所拍摄环境的明暗程度，就需要通过测光来实现。

本章以SONY α7R Ⅳ为例进行讲解。

光圈f/11，快门速度1/500s，焦距105mm，感光度ISO100，曝光补偿-0.3EV

4.1 测光：准确曝光的基础

我们看到雪地很亮，是因为雪地能够反射接近90%的光线；我们看到黑色的衣物较暗，是因为这些衣物吸收了大部分光线，只反射了不足10%的光线。在白天的室外，环境会综合天空、水面、植物、建筑物、水泥墙体、柏油路面等反射的光线，整体的光线反射率在18%左右。由此我们知道，物体的明暗主要是由其反射率决定的，表面的结构和材质不同，反射率也不相同，反射的光线自然有多有少，所以我们看到物体是有亮有暗的。

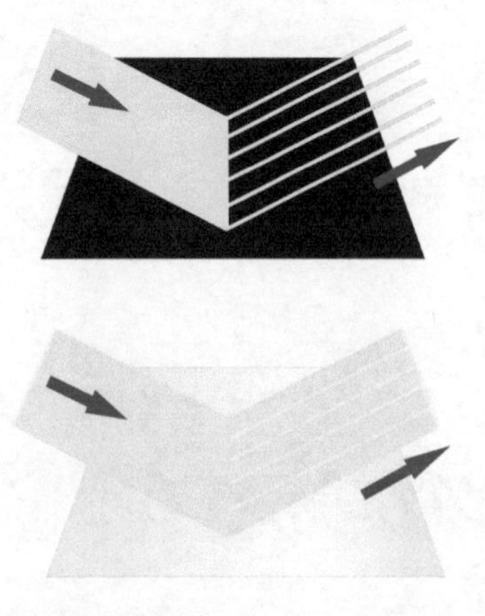

较暗的场景光线反射率很低，较亮的场景光线反射率很高

相机与人的眼睛一样，主要通过环境反射的光线来判定环境中各种景物的明暗。在拍摄时半按快门按钮，相机会启动TTL测光功能，光线通过镜头进入机身顶部内置的测光感应器，测光感应器将光信号转换为电子信号，再传递给相机的处理器，这个过程就是相机对环境测光的过程。相机会根据这段时间内进入相机的光线量，再结合18%的环境反射率来计算环境的明暗度，确定曝光参考值。

经过相机准确测光，可以拍摄出画面明暗与实际场景基本吻合的照片。光圈f/13，快门速度1/25s，焦距24mm，感光度ISO100

测光不准确情况之一：曝光不足

测光不准确情况之二：曝光过度

4.2 SONY α 系列相机的 5 种测光模式及其适用场合

SONY α 系列相机的测光元件根据取景范围内光线测量的区域和计算权重的不同，将测光方式分为多重测光、中心测光、点测光、整个屏幕平均测光和强光测光等5种模式。

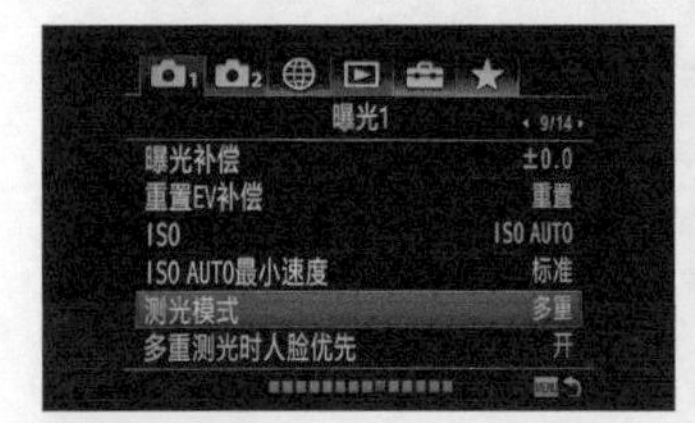

测光模式菜单项

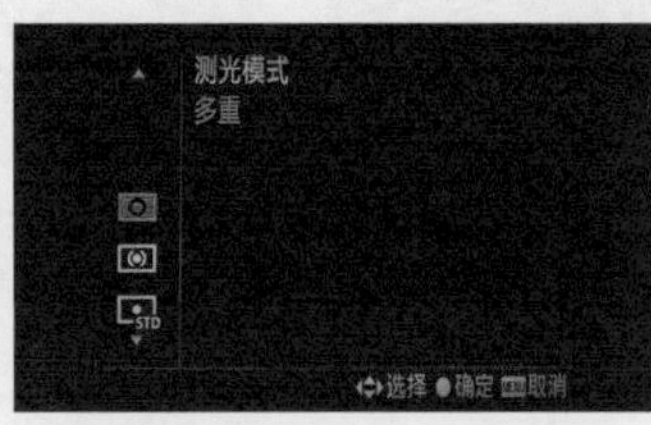

多重测光

中心测光

点测光

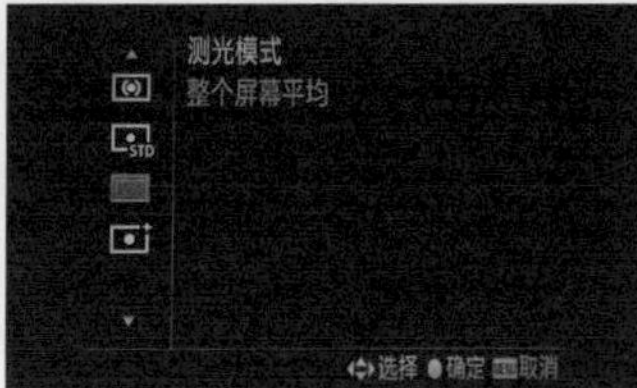

整个屏幕平均测光

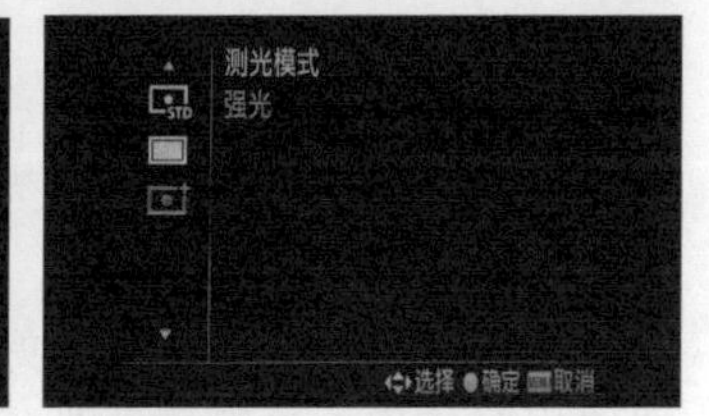

强光测光

点测光的测光区域默认为标准测光区域，用户可以根据实际使用习惯，改变点测光的测光区域大小

我们拍摄到曝光准确的照片，主要是因为相机对场景进行了正确的测光。并且我们还应该注意，使用不同的测光模式，最终得到的画面的明暗影调是不同的。光圈f/8，快门速度1/60s，焦距24mm，感光度ISO100

4.2.1 多重测光：适合风光、静物等大多数题材

SONY α 系列相机的测光系统将画面划分为多个区域，通过对画面的广泛区域进行测光，经过机内处理器的运算得出测光结果。针对这种智能化测光模式，厂家通过汇集大量优秀摄影作品的曝光数据，对拍摄时的各种光线条件进行分析和总结。在自动曝光的计算过程中，相机会区分主体的位置（焦点景物）、画面整体亮度、背景亮度等因素，并将所有因素考虑在内决定最终的曝光数据。多重测光的测光区域较广，而且加入了对色调分布、色彩、构图以及距离信息的分析与判断，适用范围最广，色彩还原真实准确，因此广泛运用于风光、人像、静物小品等题材的拍摄。

在一般的风光题材的拍摄中，多重测光模式使用得相当频繁，可以使画面各部分的曝光都相对比较准确、均匀。 光圈f/8，快门速度1/320s，焦距312mm，感光度ISO100

对于光线复杂的场景，使用多重测光模式也能兼顾各部分的曝光需求，得到曝光合理的照片。 光圈f/11，快门速度1/400s，焦距36mm，感光度ISO100，曝光补偿-2EV

4.2.2 中心测光：适合风光、人像、纪实等题材

使用这种模式测光时，相机会把测光重点放在画面中央，同时兼顾画面的边缘。准确地说，即负责测光的感光元器件会将相机的整体测光值有机分开，画面中央部分的测光数据占绝大部分比例，而画面中央以外的测光数据占小部分比例，起辅助作用。

一些传统的摄影师更偏好使用这种测光模式，通常在进行街头抓拍等纪实类题材的拍摄时使用，这有助于他们根据画面中心主体的亮度确定曝光值。这种测光模式更注重摄影师自身的拍摄经验，尤其是在针对黑白影像效果进行曝光补偿时，能帮助摄影师得到理想的曝光效果。

利用中心测光模式对人物部分测光，使得这部分的曝光比较准确，并适当兼顾其他部分，确保画面有一定的环境感。 光圈f/1.4，快门速度1/40s，焦距35mm，感光度ISO400，曝光补偿+0.3EV

利用中心测光模式对花朵部分测光，优先确保这部分的曝光比较准确。 光圈f/8，快门速度1/125s，焦距40mm，感光度ISO100，曝光补偿+0.3EV

4.2.3 点测光：适合人像、风光、微距等题材

点测光，顾名思义，就是只对一个点进行测光，该点通常是整个画面最重要的区域。许多摄影师会使用点测光模式对人物的重点部位，如眼睛、面部或具有特点的衣服、肢体进行测光，以达到构成视觉中心并突出主题的效果。使用点测光模式虽然比较麻烦，却能拍摄出许多别有意境的画面，大部分专业摄影师经常使用点测光模式。

采用点测光模式进行测光时，如果对画面中的亮点测光，则大部分区域会曝光不足；而如果对暗点测光，则会出现较多位置曝光过度的情况。一个比较简单的规律就是对画面中要表达的重点或主体测光，例如在光线均匀的室内对人物的重点部位测光。

拍摄人像、风光、花卉、微距等多种题材时，采用点测光模式可以对主体进行重点表现，使其在画面中更具表现力。

采用点测光模式对被摄主体人物的面部皮肤测光，使得人物的肤色曝光准确，这也是人像摄影中优先考虑的问题。 光圈f/11，快门速度1/80s，焦距70mm，感光度ISO100

4.2.4 整个屏幕平均测光：适合大场景风光题材

这种测光模式类似于多重测光，拍摄时会对画面整体进行平均测光，而不会过多考虑对焦位置与非对焦位置的状态。利用这种测光模式拍摄，最终得到的曝光结果不容易因构图和被摄体位置的不同而发生变化。

整个屏幕平均测光虽然类似于多重测光，但从摄影的角度来看，其效果是不如多重测光的。这种测光模式更适合初级摄影爱好者使用，适用于拍摄风光、旅游纪念照等多种题材。

对整个画面各个部分进行平均测光，这样拍摄的散射光场景会显得比较扁平，亮度均匀。照片的层次就只能通过场景中景物自身的色彩来呈现。 光圈f/16，快门速度1/80s，焦距54mm，感光度ISO100，曝光补偿+1EV

4.2.5 强光测光：适合逆光拍摄

使用这种测光模式拍摄，相机会检测所拍摄场景中的高亮部分，并以此为基准进行曝光，这样可以避免画面中出现严重的高光溢出问题。

在光线强烈的场景当中拍摄时，使用强光测光模式更容易得到曝光合理的照片。这种测光模式适用于拍摄旅行纪念类题材，另外拍摄一些光线强烈及其他大光比场景时也非常有效。

强光测光模式下，相机会优先确保照片中的高光部分不会出现大面积的过曝。本例中可以看到，太阳部分的曝光是比较准确的。光圈f/16，快门速度1/100s，焦距12mm，感光度ISO100

4.3 曝光补偿的使用技巧：白加黑减定律

相机内的曝光补偿菜单 项

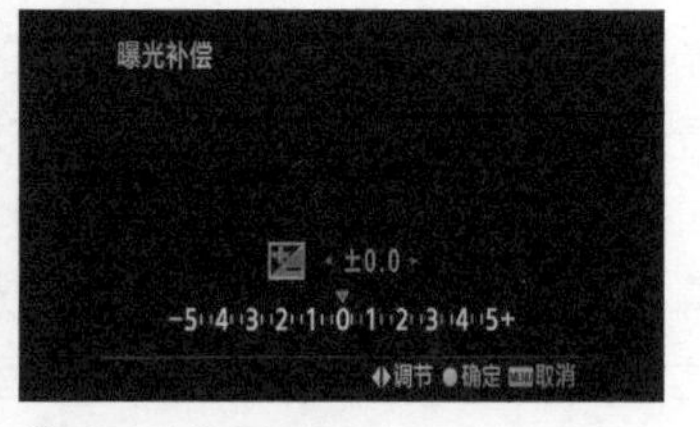

曝光补偿设定界面

曝光补偿就是在相机自动曝光的基础上，有意识地改变快门速度与光圈的曝光组合，让照片整体更明亮或者更暗的功能，摄影师可以根据拍摄需要增加或减少曝光补偿值，以得到曝光准确的画面。SONY α 系列相机设定了-5EV~+5EV的曝光补偿值，摄影师在使用A（光圈优先自动）、S（快门优先自动）或P（程序自动）等曝光模式时，可根据需要进行调节。

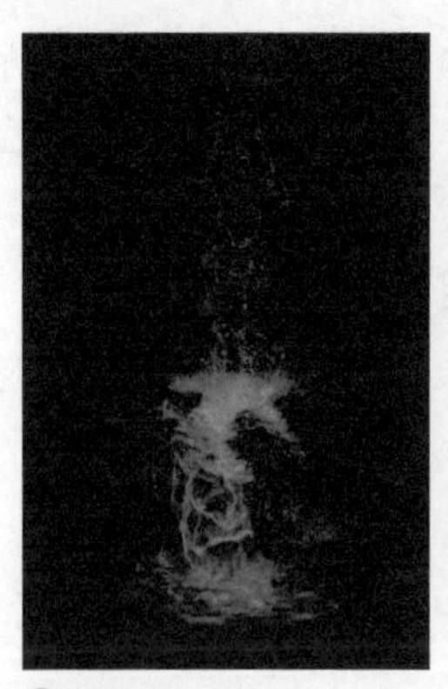

曝光补偿-1EV

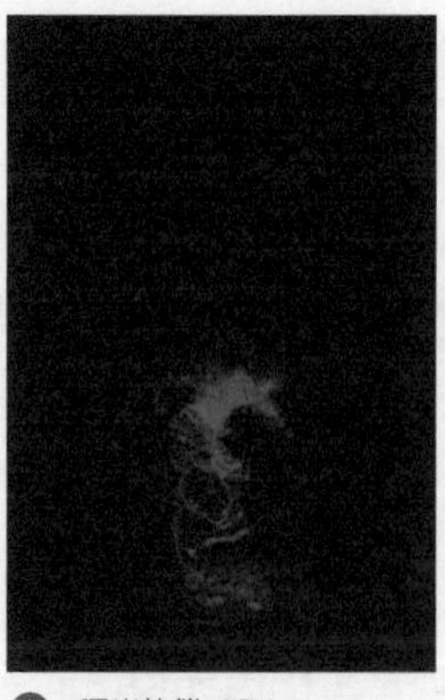

曝光补偿-2EV

曝光补偿-5EV

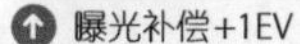

曝光补偿+1EV

曝光补偿+2EV

曝光补偿+5EV

所谓“白加黑减”主要拍的是曝光补偿的应用。有时我们发现拍摄出来的照片比实际亮或暗，曝光不是非常准确。这是因为在曝光时，相机的测光是以环境反射率为18%为基准的，那么拍摄出来的照片的整体明暗程度也会接近普通的正常环境的明暗程度，即雪白的环境会变得偏暗一些，呈现出发灰的色调，而纯黑的环境会变得偏亮一些，也会呈现出发灰的色调。拍摄雪白的环境时为不使画面发灰，就要增加一定的曝光补偿值，称为“白加”；拍摄纯黑的环境时为不使画面发灰，就要减少一定的曝光补偿值，称为“黑减”。

在拍摄雪地或雾景时，相机会自动降低曝光值，所以我们必须手动增加曝光补偿值，还原雪地或雾景的亮度与色彩。 **光圈f/11，快门速度1/500s，焦距38mm，感光度ISO100，曝光补偿+1EV**

日出之前的荷塘，整个环境是偏暗的，这时应该遵循“黑减”的思路降低一定的曝光补偿值，才能准确还原真实画面。此外，这样做还有一个好处，会让画面中偏暗与偏亮的花朵形成一定的对比，画面的视觉效果会很好。 **光圈f/7.1，快门速度1/15s，焦距150mm，感光度ISO100，曝光补偿-0.3EV**

4.4 自动包围曝光

包围曝光也称括弧曝光或阶段曝光，是以当前的曝光组合为基准，连续拍摄两张或更多张减/加曝光补偿值的照片。

在光线复杂的场景下，我们有时难以对曝光及曝光补偿值做出准确的判断，同时也没有充裕的时间在每次拍摄后查看结果并调整设定，这时使用自动包围曝光功能，相机可以按照设定的曝光补偿值，通过改变光圈与快门速度的曝光组合，在短时间内记录下多张曝光量不同的影像以备挑选，避免在复杂光线条件下出现曝光失误的情况。

通过使用自动包围曝光功能，观察增加与减少曝光补偿值的拍摄结果，我们可以积累有关曝光补偿的经验。在以后遇到类似的题材或光线条件时，我们可以快速做出正确的曝光补偿设定。

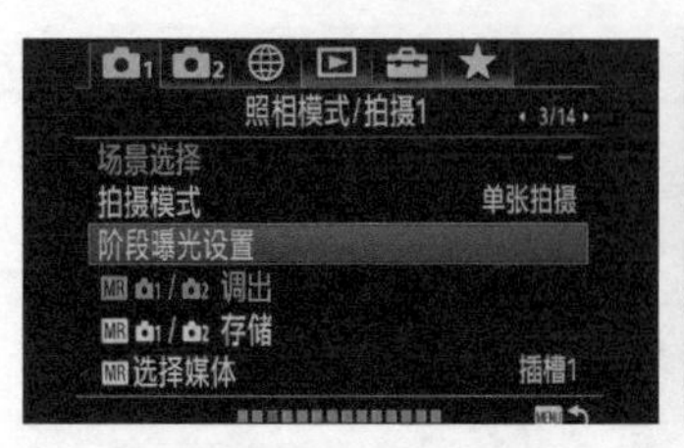

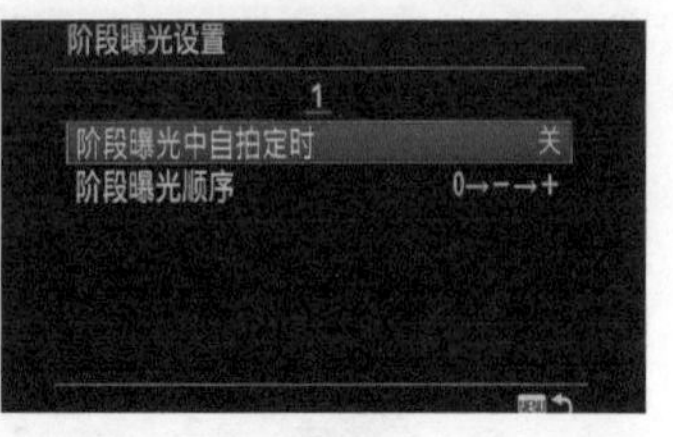

SONY α 系列相机的自动包围曝光是用户常用到的功能。在拍摄菜单中，用户可以对自动包围曝光功能进行设定

进行包围曝光的目的之一，是摄影师可以在多张曝光量不同的照片中，根据创作意图和审美取向，选择最符合自己标准的一张。

标准曝光的画面效果

降低曝光补偿值后的画面效果

增加曝光补偿值后的画面效果

包围曝光的另外一个目的，是摄影师可以在后期软件中对不同曝光量的照片进行HDR合成，得到曝光效果理想的画面。

4.4.1 改变包围曝光的拍照顺序

SONY α 系列相机内默认设定的自动包围曝光照片顺序为“0→−→+”，即“正常→不足→过度”。从观看方便的角度考虑，也可更改为“不足→正常→过度”，这样相机将按“曝光不足、曝光正常、曝光过度”的顺序进行拍摄，方便用户对比观察曝光量变化所带来的细微区别，以选定自己最满意的照片。

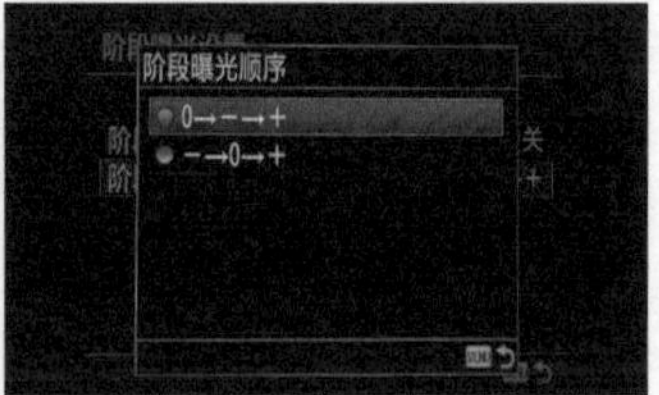

通过自定义菜单可以更改包围曝光的拍照顺序

4.4.2 取消包围曝光

包围曝光是在特殊光线条件下进行风光摄影创作以突出光影变化的有力武器，但每次使用都会拍摄多张照片，拍摄日常题材时并不适用。因此，建议摄影师在拍摄完

包围曝光作品后取消包围曝光——只要将拍摄模式改回单张拍摄即可。

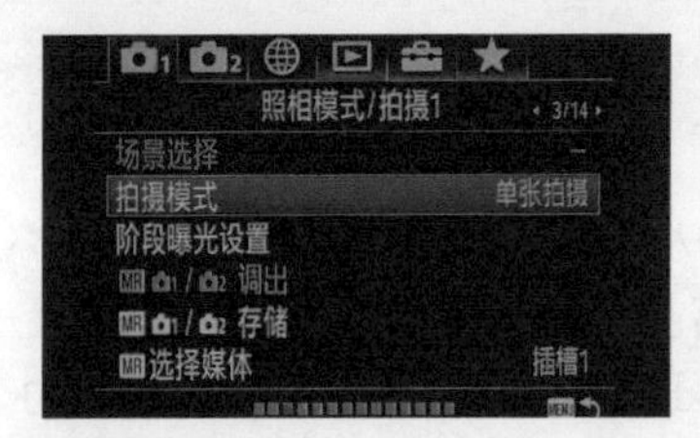

拍摄模式菜单项

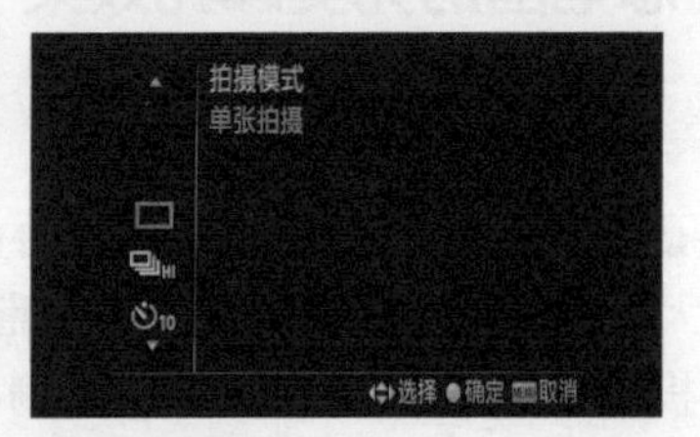

选择拍摄模式

4.5 锁定曝光设定，保证主体的亮度表现

我们对拍摄主体进行测光后，会调整取景视角，使构图形式更为完美。但这样曝光数据会发生变化，主体曝光数据就不准确了，在这种情况下，可以使用锁定曝光功能。

具体操作为对要曝光的部分进行点测光，半按下快门按钮后锁定对焦，同时相机会进行测光，然后按下相机上的AEL按钮，锁定曝光，它的功能是锁定被摄主体的曝光数据，避免重新构图的时候受到新的光线的干扰，造成曝光数据变化。无论画面的其他部分如何，只要锁定了之前测光得到的曝光数据，被摄主体的曝光就不会发生变化。然后按下快门按钮，完成拍摄就可以了。

按下相机上的AEL按钮来锁定曝光

先对主体进行重点测光，确定曝光数据，然后锁定曝光

对主体进行重点测光

使用中心测光模式对画面中的马测光，让其曝光准确，同时兼顾周边环境的曝光，使画面的环境感更强。光圈f/2.8，快门速度1/350s，焦距200mm，感光度ISO100，曝光补偿-0.3EV

4.6 高动态范围的完美曝光效果

4.6.1 认识动态范围与宽容度

在数码摄影领域，我们将图像所包含的从“最暗”至“最亮”的范围称为动态范围。动态范围越大，图像所能显示的层次越丰富。

数码相机的宽容度（感光元件按比例正确记录景物亮度范围的能力）是有限的，数码单反相机在存储JPEG格式图像时，图像的动态范围最大可以涵盖接近10级的亮度范围，而人眼所能觉察的亮度范围可达14～15级。如果一个场景的光比过大，超出相机的动态范围，拍摄出来的照片就会丢失暗部或亮部的信息，形成“死黑”或“惨白”。除非是出于创作的需要，我们在拍摄中应尽量避免照片中出现纯黑与纯白的“零”信息区域，这就需要在拍摄中控制光比，使亮部与暗部的反差保持在合理范围内。

光比很大的场景要格外留意曝光控制，尽可能保留更多的层次。如果云雾一片惨白而建筑墙体背光面一片漆黑，照片就是失败的。 光圈f/7.1，快门速度13s，焦距14mm，感光度ISO100，曝光补偿-0.3EV

在雨、雾和多云的天气时拍摄，阳光被遮挡在云层之后，光线强度较低，以柔和的散射光线为主，这样的场景通常反差较小，曝光控制难度较低。

散射光场景中反差较小，摄影师可以通过构图和对画面元素的布局引导视觉中心的形成。如本画面将近处的长城角楼作为视觉中心，画面就变得有序了。 光圈f/9，快门速度1/100s，焦距24mm，感光度ISO100

数码相机的曝光原则是“宁欠勿过”，这是由感光元件的工作原理决定的。过曝损失的细节，无论后期如何调节也无法找回；而看似漆黑一团的欠曝部分，通过软件可以发掘大量的细节（特别是RAW格式文件）。因此在使用数码相机拍摄风光题材时，如果不能兼顾亮部和暗部，一定要遵循“宁欠勿过”的原则。

4.6.2 DRO 动态范围优化

索尼数码微单相机特有的DRO动态范围优化功能专为拍摄光比较大、反差强烈的场景所设，目的是让画面中的高光与阴影部分都能保有细节和层次。该功能在与多重测光模式结合使用时，效果尤为显著。

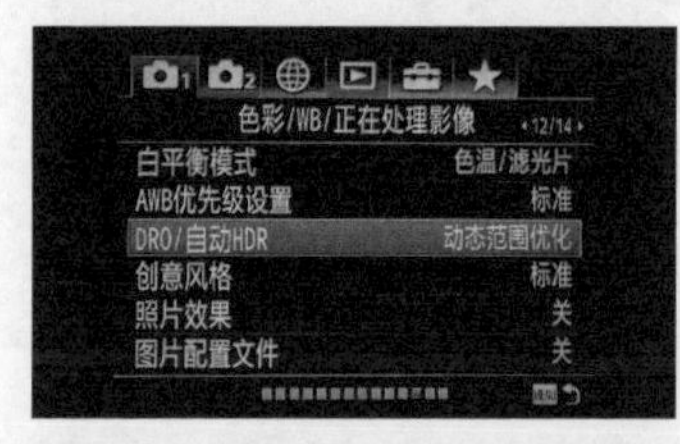

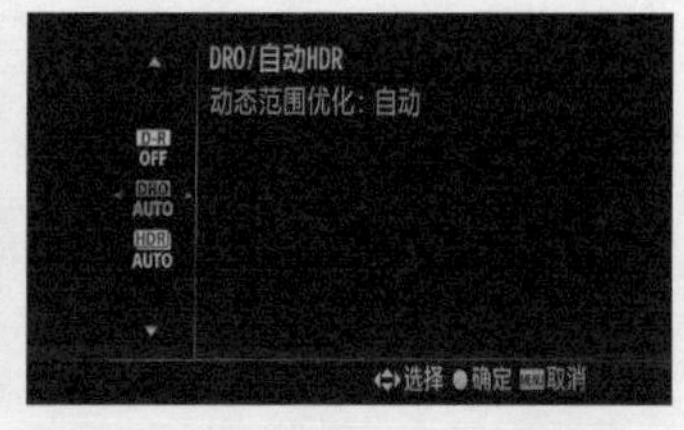

SONY α 系列相机的DRO动态范围优化功能除了设定为“自动”外，还可以手动设定为Lv1（低）~Lv5（高）任意一个等级

在草原强烈的光线下，蒙古包后背光的人物的面部很容易曝光不足，而开启DRO动态范围优化功能则完美地解决了这一问题。 光圈f/9，快门速度1/100s，焦距38mm，感光度ISO100

画面中天空亮度较高，如果要让天空曝光准确以尽量保留更多细节，地面势必就会因曝光不足而变得非常暗，这时开启DRO动态范围优化功能则可以让天空与地面的细节都保留得非常完整。 光圈f/16，快门速度1/30s，焦距14mm，感光度ISO100，曝光补偿-0.3EV

第5章

照片虚实与画质

CHAPTER 5

单纯从技术的角度来看，关于拍摄我们只需要做好两件事：其一，得到合适的曝光效果；其二，控制不同的照片效果，包括虚实、画质的细腻程度，这便是本章要解决的问题。

本章以SONY α7R IV为例进行讲解。

光圈f/11，快门速度1/800s，焦距12mm，感光度ISO100，曝光补偿-0.7EV

5.1 照片虚实

对于照片背景的虚化我们通常用景深描述，不严谨地说，景深就是照片的虚实，是指对焦点前后能够看到的清晰范围。景深以深浅来衡量，景深较深，即虚化程度低，远处与近处的景物都非常清晰；景深较浅，只有对焦点周围的景物是清晰的，远处与近处的景物都是虚化的、模糊的。

中间对焦位置的画质最为清晰，对焦位置前后会逐渐变得模糊，人眼所能接受的模糊范围，就是景深

本照片当中，前景的花朵是清晰的，处于景深范围内，背景当中虚化的花朵处于景深范围之外。光圈f/1.4，快门速度1/2000s，焦距50mm，感光度ISO100

5.1.1 景深四要素：光圈

前文介绍过，光圈是影响曝光的三要素之一，用大光圈拍摄可以提高曝光量，反之则会减少曝光量。此外，光圈还有另外一个极为重要的作用，那便是影响照片的虚化效果。

用大光圈拍摄时，对焦点之外的区域会有更强的虚化效果；而用小光圈拍摄时，对焦点之外的区域的虚化效果要弱一些。

拍摄花卉、人像等题材时，用大光圈可以确保有浅景深，即对焦位置清晰，而背景虚化模糊，这样可实现突出主体的目的。 光圈f/2.8，快门速度1/200s，焦距200mm，感光度ISO100

拍摄风光类题材时，用中小光圈，可以确保得到深景深，即远近景物都非常清晰。 光圈f/11，快门速度4s，焦距16.7mm，感光度ISO100，曝光补偿-0.3EV

5.1.2 景深四要素：焦距

光圈对于景深的影响非常明显，但实际情况是，除光圈之外，焦距、物距、间距都会对最终拍摄的画面中的景深效果造成影响。本小节先来看焦距对景深的影响：一般来说，焦距越长，景深越浅；反之则越深。

拍摄这张照片时使用的光圈是比较小的f/7.1，但画面景深仍然很浅，背景严重虚化，这是因为拍摄时使用了400mm的超长焦距。 光圈f/7.1，快门速度1/320s，焦距400mm，感光度ISO800

看这张照片，即便使用了f/1.4的大光圈拍摄，但景深仍然较深，因为所使用的焦距很短，为14mm。 光圈f/1.4，快门速度8s，焦距14mm，感光度ISO4000

5.1.3 景深四要素：物距

所谓的拍摄物距是指摄影师与拍摄对象之间的距离，更为精确地说是相机镜头与对焦点之间的距离。

光圈、焦距和物距对于景深的影响可以用以下3句话来概括。光圈越大景深越浅，光圈越小景深越深；焦距越大景深越浅，焦距越小景深越深；物距越大景深越深，物距越小景深越浅。

拍摄这张照片时使用了f/11的小光圈，但可以看到景深依然非常浅，这是因为拍摄这类微距题材时，我们总是尽量靠近被摄体，即物距很小。这样便能保证得到很浅的景深，让背景得以虚化。 光圈f/11，快门速度1/250s，焦距70mm，感光度ISO100

拍摄这张照片所用的光圈并不算小，但景深却很深，这是因为物距很大。我们明显可以感觉到，摄影师距离被摄体是非常远的。 光圈f/5，快门速度1/400s，焦距135mm，感光度ISO100

5.1.4 景深四要素：间距

事实上，我们可能还会发现一个问题，那就是景物距离背景的远近，即间距，也会影响景深效果（当然，这只是画面中显示的效果），一般来说间距越大，景深越浅，反之越深。

所以，总结起来，我们可以认为影响有4个要素会影响景深，它们分别为光圈、焦距、物距和间距。要注意的是，间距其实并没有改变景深的能力，只是从画面的视觉效果上给人不同景深的感觉。

因为主体距离背景墙体太近，所以无论我们采用哪种设定，照片看起来都是深景深的。 光圈f/2.8，快门速度1/640s，焦距185mm，感光度ISO100

因为前景与背景的距离太远，所以无论我们采用哪种设定，照片看起来都是浅景深的，背景总是虚化模糊的。 光圈f/16，快门速度1/40s，焦距70mm，感光度ISO100，曝光补偿+0.3EV

5.2 一般的景深控制技巧

掌握了影响景深的多个要素之后，接下来便是进行实际应用。其实大部分场景的景深选择是非常简单的，但为了避免误操作，下面还是对一些常见场景的景深控制技巧介绍一下。

一般来说，拍摄花卉类题材时，大多应该是使用相对较长的焦距、较近的物距、大光圈，再选择一个远离背景的位置，最终得到浅景深的效果，来强化和突出花卉主体自身的美感。

浅景深的花朵照片，能够凸显花朵等重点景物的形态。 光圈f/11，快门速度1/500s，焦距105mm，感光度ISO400

拍摄人像写真时，浅景深是最为常见的选择，至于技术手段，则与花卉摄影没有太大不同。主要的区别体现在对物距的控制上：一般来说，物距要小，但不要太小，镜头不要过于靠近人物，否则可能会让人物面部产生一些几何畸变。但长焦距、大光圈、大间距的组合，已经能够确保我们拍摄出浅景深的人像效果，从而突出人物主体自身的美感。

用浅景深展现人像的目的是突出人物形象，要注意的是在拍摄一些棚拍人像时，干净的背景已经能够让人物突出了，并且这种人像照片往往有后续抠图等需求，所以大多时候没有必要拍摄浅景深效果。

拍摄人像写真时，可能要借助一些虚化的前景，来丰富画面的内容和影调层次，让画面更具美感。 光圈f/1.6，快门速度1/1600s，焦距35mm，感光度ISO100

室内棚拍人像是一个特例，大多需要拍摄深景深效果，让人物整体都清晰显示出来。 光圈f/9，快门速度1/125s，焦距50mm，感光度ISO125

相比于人像摄影而言，风光类题材的拍摄要复杂一些，大多数风光照片要有深景深，以让远近景物都清晰显示出来。要想得到这种效果，就需要综合应用影响景深的多个要素。

一般来说，短焦距、中小光圈，能够确保我们在大多数时候拍到整体都清晰的风光画面。 光圈f/11，快门速度1/13s，焦距18mm，感光度ISO100，曝光补偿-0.7EV

超广角镜头可以确保即使我们使用了大光圈拍摄，也能够得到较深的景深效果，在拍摄一些夜景、星空时经常使用。 光圈 f/1.4，快门速度 15s，焦距 24mm，感光度 ISO1600

除常规的花卉、人像和风光等题材之外，还有一些小景的景深控制需要我们注意。我们将拍摄小景、小品时的光圈称为无所谓光圈，即面对一些特殊情况时，我们可以灵活控制景深。

拍摄这种幽暗灯光下的场景时，因为无法使用三脚架辅助，就需要手持拍摄并使用大光圈，这时无论景深深浅，只要能够显示出被摄主体的轮廓就可以了。 光圈 f/4，快门速度 1/40s，焦距 16mm，感光度 ISO800

拍摄这种距离较远的场景，而且需要强调画面中间的一束暖光时，使用较大一些的光圈，可以确保周边景物不会过于清晰，有利于强调视觉中心的暖光。 光圈 f/5，快门速度 1/200s，焦距 250mm，感光度 ISO100

拍摄这张照片时，我们要强调的是景物自身的线条及表面的纹理质感，所以中小光圈是最佳选择。 光圈 f/11，快门速度 1/640s，焦距 100mm，感光度 ISO100

总结

（1）有多个要素可以影响景深，但通常情况下我们调整起来最方便的是光圈，所以我们调整最多的也是光圈。

（2）对于景深的控制，不要太死板，我们要根据自己的创作题材以及创作目的，灵活控制景深四要素，从而得到想要的画面效果。

5.3 控制照片画质

5.3.1 感光度ISO的来历与等效感光度

数码单反相机感光元件对光线的敏感程度可以等效转换为胶卷的感光度值，即等效感光度

感光度ISO原是作为衡量胶片感光速度的标准，是由国际标准化组织（International Organization for Standardization，ISO）制定的。传统相机使用胶片时，感光速度是指附着在胶片片基上的卤化银元素与光线发生反应的速度。摄影师可以根据拍摄现场的光线强弱和不同的拍摄题材，选择不同感光度的胶片。常见的有感光度为ISO50、ISO100的低速胶片，适用于拍摄风光、产品、人像；感光度为ISO200、ISO400的中速胶片，适用于拍摄纪实、纪念照；还有感光度为ISO800、ISO1000的高速胶片，适用于体育运动的拍摄。

数码单反相机中，低感光度下，感光元件CMOS对光线的敏感程度较低，不容易获得充分的曝光；提高感光度，则感光元件对光线的敏感程度变高，更容易获得足够的曝光。这与光圈大小对曝光的影响是相同的道理。

当前主流的数码单反相机，常规感光度一般为ISO100~ISO12800，而SONY α 7R IV的常规感光度范围是ISO100~ISO32000，最大可以扩展到ISO50~ISO102400。

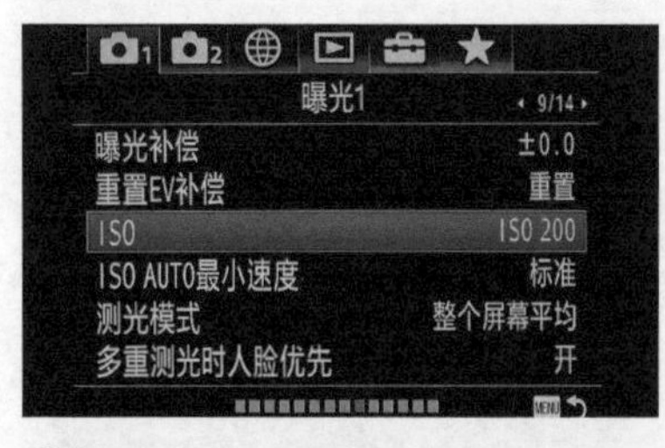

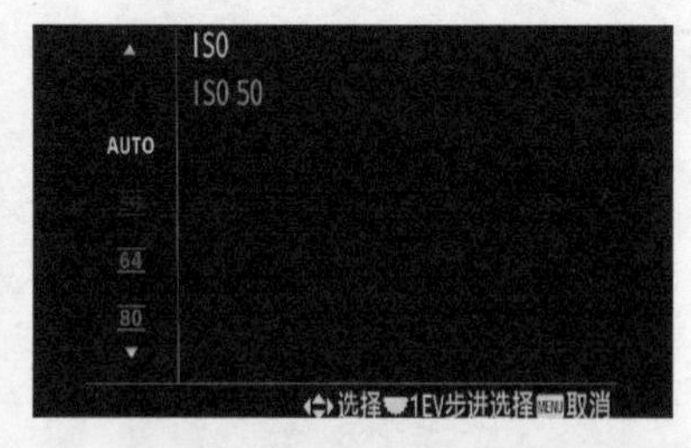

默认状态下，自动感光度的范围是ISO100~ISO6400，当然，也可以设定更大范围的自动感光度

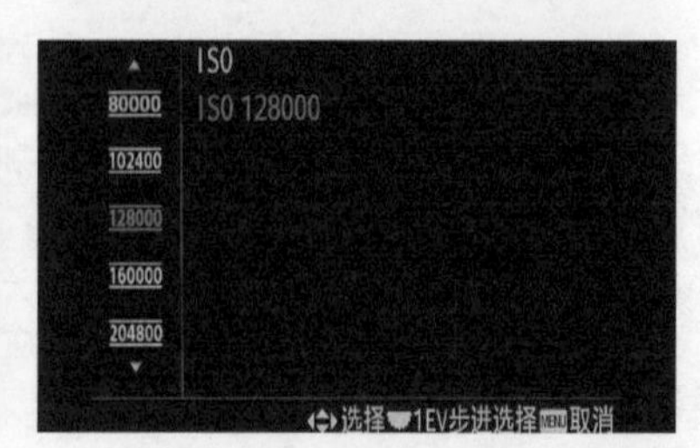

SONY α 7R IV的感光度范围为ISO50~ISO204800，SONY α 7R IV的感光度范围最大为ISO50~ISO102400

5.3.2　不同题材的感光度ISO设置

1. 静物小品的感光度ISO设置

在影棚内拍摄静物小品时，通常使用ISO50或ISO100的感光度，力图以较低的感光度，尽量细腻地刻画被摄体的细节和层次，表现出其真实的质感。

光圈f/9，快门速度1.6s，焦距100mm，感光度ISO100

2. 旅行抓拍的感光度ISO设置

无论旅行采风还是与家人朋友外出游玩，都可以将感光度设置在ISO100~ISO400，这样通常可以满足在室外的明亮光线下的拍摄需求。白天的室外，即便是在密林、树荫、屋檐下等阴影中，ISO400的感光度也足够了。

光圈f/6.3，快门速度1/400s，焦距190mm，感光度ISO200

3. 抓拍运动景物的感光度ISO设置

拍摄移动中的昆虫，需要较高的快门速度，使用ISO400~ISO1600的感光度可以满足在一般的光线下保持1/800s以上的快门速度的要求。这样就可以抓拍昆虫运动的瞬间了。对于2010年左右推出的一些机型来说，使用高于ISO1000的感光度，照片画质就会严重受损；但随着技术的发展，当前主流旗舰机型的高感性能得到了进一步提升，所以我们即便使用ISO1600的感光度进行所谓的高感拍摄，画质依然会令人满意。

4. 拍摄舞台的感光度ISO设置

与舞台上相比，观众席的实际照度很低，所以看似亮堂的舞台上的光线并不会很强。因此在拍摄舞台时，建议将感光度设定为ISO500~ISO3200，这样既能够保证照片的画质，又能在一定程度上提高快门速度，有利于抓取精彩瞬间。

光圈f/3.2，快门速度1/800s，焦距340mm，感光度ISO800

光圈f/2，快门速度1/500s，焦距85mm，感光度ISO1600

5.3.3 噪点与照片画质

曝光时感光度的数值不同，最终拍摄出的画面的画质也不同。感光度发生变化即改变感光元件CCD/CMOS对光线的敏感程度，具体原理是在原感光能力的基础上进行增益（比如乘以一个系数），提高或降低成像的亮度，使原来曝光不足的画面变亮，或使原来曝光正常的画面变暗。这就会导致另外一个问题，加亮的同时会放大感光元件中的杂质（噪点），这些噪点会影响画质，并且感光度数值越大（放大程度越大），噪点也越明显，画质就越差；感光度数值较小，则噪点就变得不太明显，此时的画质比较细腻。

噪点非常明显。光圈f/2.8，快门速度15s，焦距20mm，感光度ISO2000

设定高感光度拍摄，并且曝光时间较长，这样可以得到足够明亮的照片。但这样画面中会不可避免地产生噪点，并且感光度越高，曝光时间越长，噪点越明显。

5.3.4 降噪技巧

为给高感拍摄的照片降噪，提升照片画质，通常需要开启相机中的高ISO降噪功能。这种降噪功能是通过相机的模拟计算来消除噪点的。高ISO降噪功能一共有3挡，分别为“关”“弱”“标准”，越强的降噪能力，消除噪点的效果就越好，但是强降噪也会让照片的锐度下降，并损失一些正常的细节。

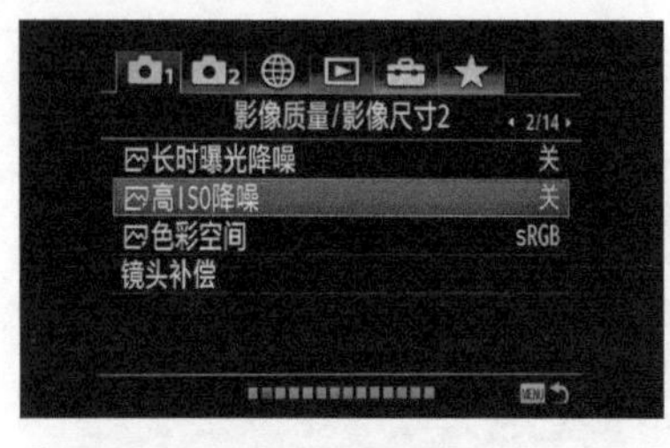

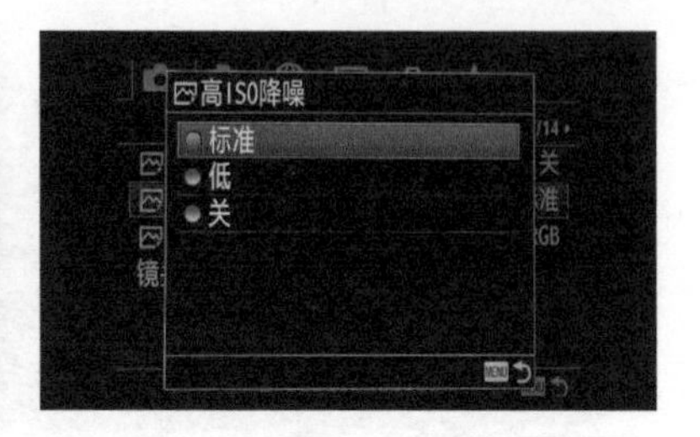

SONY α 系列相机内的高ISO降噪设定界面

1. 感光度为ISO100～ISO1600，高ISO降噪功能设置为“关”

感光度为ISO100～ISO1600且曝光准确时，所拍摄图像的画质均很高，色斑状的色彩噪点几乎没有，表现为亮度噪点的图像颗粒虽然在感光度为ISO1600时稍有增加，但图像的解像度仍然很好。此时如果开启高ISO降噪功能，会降低图像的锐度。因此在ISO100～ISO1600的感光度范围，建议将高ISO降噪功能设为“关”。

为保证照片的品质，即使高ISO降噪功能设定为“关”，相机也会对感光度为ISO1600或更高的照片进行降噪处理，不过此时的降噪量比高ISO降噪功能设为“低”时更低。

2. 感光度为ISO1600～ISO3200，高ISO降噪功能设置为“低”

轻度降噪可保证高像素优势，在ISO1600～ISO3200的感光度范围内进行拍摄，图像中的亮度噪点会变得非常明显，呈现出粗糙的颗粒感，此时可以将高ISO降噪功能设置为“低”，以保证图像低噪点的平滑解像效果。

如果要手持拍摄夜景，设定ISO1600以上的高感光度是必须的，此时建议设置高ISO降噪功能为“低”。光圈f/4，快门速度1/250s，焦距50mm，感光度ISO2000，曝光补偿-1.3EV

3. 感光度为ISO3200～ISO102400时，高ISO降噪功能设置为“标准”

ISO3200～ISO102400属于典型的高感光度范围，此时色斑状的色彩噪点及表现为亮度噪点的图像颗粒都变得非常明显，将高ISO降噪功能设置为“标准”，可以很好地去除噪点，使画面平滑，色斑消失。

手持相机在入夜时拍摄，要有足够高的快门速度，设定超高的感光度也是必须的，本照片使用感光度ISO2000拍摄，高ISO降噪功能设定为“标准”。 光圈f/4，快门速度1/8s，焦距28mm，感光度ISO2000

在光照严重不足的条件下拍摄时，使用ISO6400以上的超高感光度更容易得到充足的曝光量。但需要注意的是，当使用ISO6400以上的超高感光度时，即便进行了降噪，色彩噪点和亮度噪点也会比较明显。

拍摄夜景星空，如果要得到充足的曝光量，必须要使用高感光度及较长的曝光时间。本照片使用感光度ISO4000拍摄，高ISO降噪功能设定为“标准”，但画面噪点仍然比较明显。 光圈f/1.4，快门速度10s，焦距14mm，感光度ISO4000

拍摄较暗的场景时，为避免使用高感光度产生大量的噪点，我们可以设定低感光度，或是进行降噪。

那进行长时间曝光会怎样呢？其实也会产生非常明显的噪点。因为通过长时间的曝光来让CMOS获得充足的曝光量的同时，CMOS中的干扰信号也会获得长时间的响应，最终使噪点在成像画面中变得明显。

因此大部分相机都有长时曝光降噪功能。如果开启了长时曝光降噪功能，降噪过程会在相机完成曝光后自动进行，这一过程所花费的时间接近曝光所用的时间。如使用了30s的时间曝光，那么降噪过程也将需要30s左右。在降噪过程中，我们无法进行下一次的拍摄，必须耐心等待。因此在连拍释放模式下，相机的连拍速度会降低，在照片处理期间，内存缓冲区的容量也将减少。

摄影师在拍摄某些题材时，需要在弱光条件下进行长时间曝光。这个技巧多用于拍摄梦幻如纱的流水、灯光璀璨的城市夜景或斗转星移的晴朗夜空，通常使用 B门拍摄，曝光时间从数秒到数小时不等。由于数码单反相机感光元件的工作原理，在进行超过1s以上的长时间曝光时，所拍摄的画面中不可避免地会产生噪点。这种噪点通常呈现为颗粒状的亮度噪点，即使使用ISO100的低感光度也难以避免。这时我们就需要考虑是否开启长时曝光降噪功能来降噪了。开启该功能，可以提升照片画质；但相应地，我们会花费大量的时间来降噪，并且在此期间无法使用相机，相机还会持续耗电，这就有些得不偿失。因此如果曝光时间超过30s，我们不妨关闭长时曝光降噪功能，并拍摄RAW格式照片，然后在后期软件中降噪。

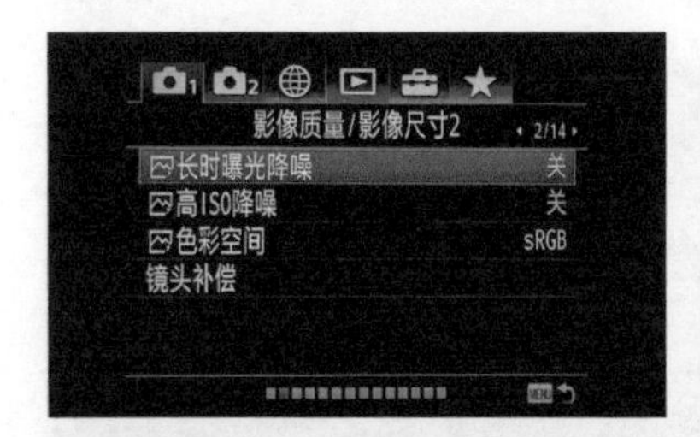

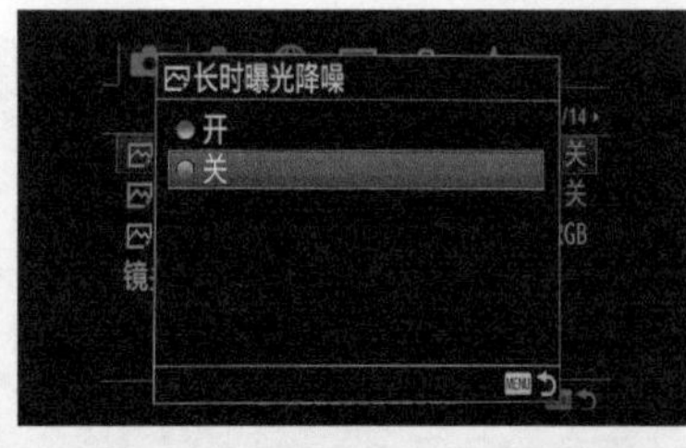

长时曝光降噪功能的设定界面。大部分情况下，建议关闭该功能

拍摄一些星空夜景时，建议关闭长时曝光降噪功能，开启高ISO降噪功能即可。对于一般的城市夜景来说，摄影师可以根据实际情况来判断是否开启长时曝光降噪功能。 光圈f/1.4，快门速度10s，焦距24mm，感光度ISO2000

光圈f/7.1，快门速度305s，焦距12mm，感光度ISO100

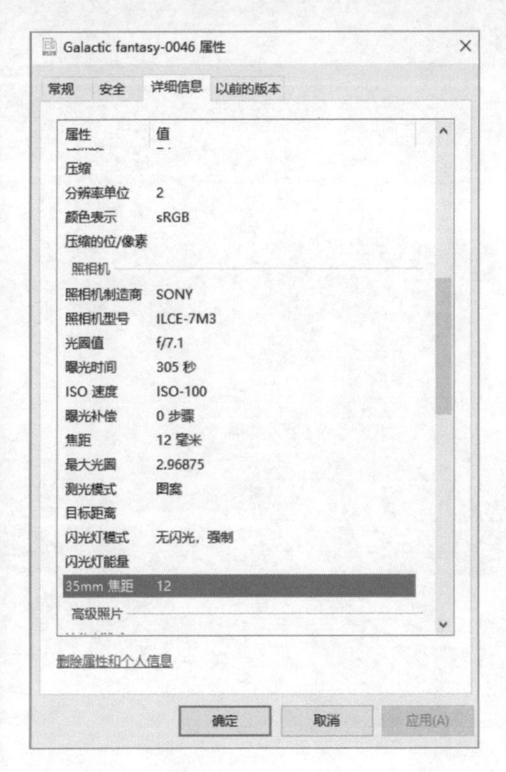

开启长时曝光降噪功能有两点值得考虑：一是效果未必好；二是曝光时间为305s，降噪的时间也要305s，那拍摄一张照片的时间就变为610s，得不偿失。所以在大多数情况下，要关闭长时曝光降噪功能，转而在后期软件中进行画质的优化

CHAPTER 6

第6章

影响照片色彩的四大核心要素

在相机内对色温、白平衡进行设定，可以改变所拍摄照片的色彩，这是我们能学到的最简单、最重要的控制色彩的技巧之一。但除此之外，其实还有3个非常重要的因素也会对照片的色彩产生较大影响。本章将介绍影响照片色彩的4个元素：白平衡与色温、创意风格（照片风格）、色彩空间、加白和加黑。

本章以SONY α 7R Ⅳ为例进行讲解。

光圈f/8，快门速度6s，焦距105mm，感光度ISO100（多张堆栈）

6.1 白平衡与色温

6.1.1 白平衡到底是什么

在介绍白平衡的概念之前，我们先来看一个实例：将同样的蓝色圆分别放入黄色和青色的背景当中，然后观察蓝色圆，我们会感觉到不同背景中的蓝色圆的色彩有差别。

通常情况下，人们需要以白色为参照才能准确辨别色彩。所谓白平衡就是指以白色为参照来准确分辨或还原各种色彩的过程。如果在白平衡调整过程中没有找准白色，那么由此还原出的其他色彩就会出现偏差。

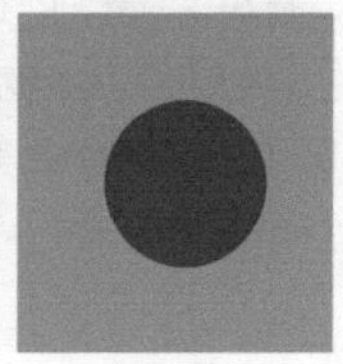

两个蓝色圆分别放在黄色和青色的背景中，人眼观察结果会发生偏差

要注意，在不同的环境中，作为色彩还原标准的白色也是不同的，例如在夜晚室内的荧光灯下，真实的白色要偏蓝一些，而在日落时分的室外，白色会偏红黄一些。如果在日落时分以标准白色或冷蓝的白色作为参照来还原色彩，是要出问题的，因为应该使用偏红黄的白色作为参照。

相机拍摄与人眼视物一样，在不同的光线环境中拍摄，也需要用白色作为参照才能使拍摄的照片的色彩被准确还原。为了方便用户使用，相机厂商分别将标准的白色放在不同的光线环境中，并记录下这些不同环境中的白色，内置到相机中，作为不同的白平衡标准（模式）。

这样用户在不同环境中拍摄时，只要根据当时的拍摄环境，选择对应的白平衡模式即可拍摄出色彩还原准确的照片了。实际情况是，相机厂商只能在白平衡模式中集成几种比较典型的场景，肯定无法记录所有场景。这些典型的场景包括晴天（即日光）场景、阴影场景、阴天场景、白炽灯（即钨丝灯）环境、荧光灯环境、闪光灯环境，我们在相机内可以看到这些具体的白平衡模式。

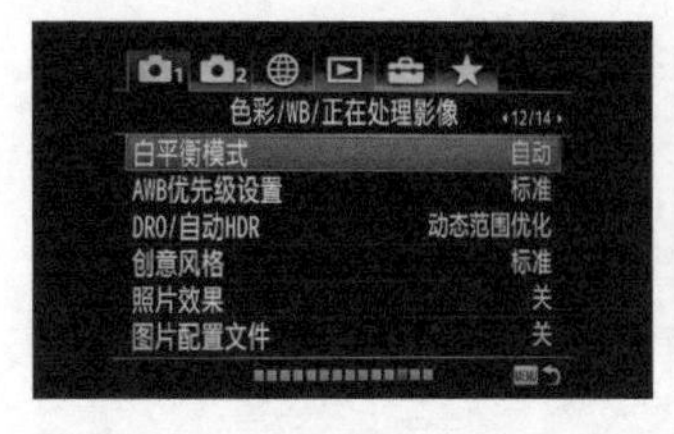

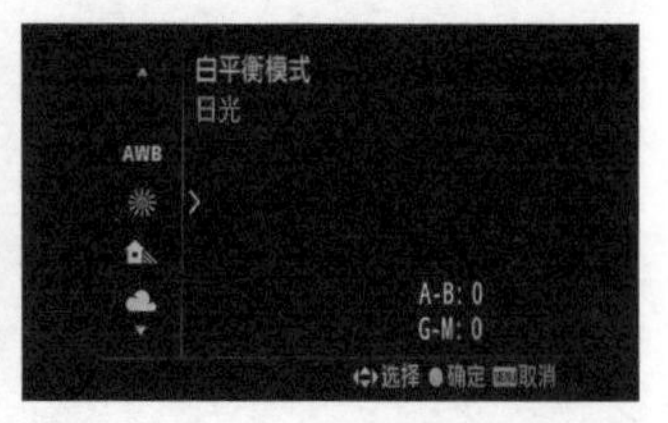

在SONY α 系列相机内设定不同的白平衡模式

6.1.2 色温的概念

在相机的白平衡菜单中，我们会看到每一种白平衡模式后面有一个色温（color temperature）值。色温是物理学上的名词，它用温标来描述光的色彩特征，也可以说就是色彩对应的温度。

大多数人都知道这样一个常识：把一块黑铁加热，令其温度逐渐升高，起初它会变红、变橙，也就是我们常说的铁被烧红了，此时铁发出的光色温较低；随着温度逐渐升高，铁发出的光逐渐变成黄色、白色，此时的色温适中；继续加热，温度大幅度升高后，铁会发出紫蓝色的光，此时的色温更高。

色彩随着色温变化的示意图：自左向右，色温逐渐变高，色彩也由红色转向白色，然后在转向蓝色

色温是专门用来度量和计算光线色彩的方法，于19世纪末由英国物理学家洛德•开尔文创立，因此色温的单位也由他的名字来命名——“开尔文”（简称“开”）。开尔文假定某一黑体物质，能够将落在其上的所有热量全部吸收而没有热量损失，同时又能够将热量全部以光的形式释放出来。将一标准黑体加热，温度升高到一定程度时，其色彩开始按深红—浅红—橙—黄—白—蓝的顺序逐渐变化。这种黑体物质的温度是从绝对温标（-273℃）开始计算的，即光源的辐射在可见区和黑体的辐射完全相同时，我们将黑体当时的绝对温度称为该光源的色温。色温的单位为“° K”，为了简便，通

常简写为“K”。

低色温光源的特征是在能量分布中，红辐射相对多一些，此类光源通常称为“暖光”；色温升高后，在能量分布中，蓝辐射的比例增加，此类光源通常称为“冷光”。

这样，我们就可以用色温来衡量不同环境的光线了。例如，早晚两个时间段，太阳光线呈现出红黄等暖色，色温相对来说偏低；而到了中午，太阳光线变白，甚至有微微泛蓝的现象，这表示色温升高。相机作为一部机器，善于用具体的数值来进行精准的计算和衡量，于是就有了日光用色温值5200K来衡量这种设定。这样，晴朗天气室外正午日光下的白平衡模式，也可以说是色温5200K下的白平衡模式，其他的白平衡模式与色温的对应关系也是这样理解的。

刚过正午，现场光线的色温接近标准色温5200K，因此我们不必设定日光白平衡，直接设定5200K的色温值，拍摄出的照片色彩就将准确还原。光圈f/8，快门速度1/1000s，焦距24mm，感光度ISO500

这里通过右边这幅例图来进行说明。午后太阳光线强烈，设定日光白平衡可以使照片准确还原色彩。由于白平衡模式与色温值是一一对应的关系，因此我们直接设定5200K左右的色温值，拍摄出来的照片色彩就将准确还原。

下表向我们展示了白平衡模式、色温值、适用环境或条件三者之间的对应关系。

白平衡模式与色温值、适用环境或条件的对应关系

白平衡模式	色温值	适用环境或条件
日光白平衡	约5200K	适用于晴天除早晨和日落时分的室外
阴影白平衡	约8000K	适用于黎明、黄昏、晴天室外阴影处等环境
阴天白平衡	约6000K	适用于阴天或多云的室外环境
白炽灯白平衡	约2800K	适用于室内钨丝灯光照条件
荧光灯白平衡	约3400K	适用于室内荧光灯光照条件
闪光灯白平衡	约5200K	适用于相机闪光灯光照条件

说明

（1）表中所示为比较典型的白平衡模式与色温值之间的对应关系，只是针对索尼相机的一个大致标准，我们不能生搬硬套。（2）SONY α 系列相机还内置了自动白平衡等多种白平衡模式，这些白平衡模式所对应的色温值由相机自动设定，并不是固定的。

6.1.3 正确还原景物色彩的关键

如果是在白炽灯下拍摄照片，设定白炽灯白平衡（或设定2800K左右的色温值）可以拍摄出色彩还原准确的照片；在正午室外由太阳照明的环境中拍摄，设定日光白平衡（或设定5200K左右的色温值），也可以准确还原色彩……这是前文介绍过的知识，即我们只要根据所处的环境光线来选择对应的白平衡模式就可以准确还原色彩。但如果我们设定了错误的白平衡模式，会得到什么样的结果呢？

我们通过具体的实拍效果来说明。下面这个真实的场景的准确色温值在7000K左右。我们尝试使用相机内不同的白平衡模式拍摄，来看看色彩的变化情况。

白炽灯白平衡：约2800K

荧光灯白平衡：约3400K

日光白平衡：约5200K

闪光灯白平衡：约5200K

阴天白平衡：约6000K

阴影白平衡：约8000K

从上述色彩随色温值设置变化的情况中，我们可以得出这样一个规律：相机设定的色温值与实际色温值相符时，能够准确还原色彩；相机设定的色温值明显高于实际色温值时，拍摄的照片偏红；相机设定的色温值明显低于实际色温值时，拍摄的照片偏蓝。

➔ 这是早晨5点左右拍摄的一张照片，如果直接设定荧光灯白平衡，也就是约3400K的色温值来拍摄，那照片色彩肯定是不准确的。摄影师根据经验判断，当时的色温值在4500K~6000K这个范围，因此设定了5500K的色温值，最终非常准确地还原了当时的色彩。 光圈f/11，快门速度1/160s，焦距105mm，感光度ISO125

6.1.4　核心知识：精通白平衡模式的4个技巧

1. 按照环境光线设定白平衡模式

相机厂商测定了许多常见环境中的白色标准，如日光环境下、荧光灯环境下、白炽灯环境下、阴影中、阴天时等，然后将这些白色标准内置到相机内，对应不同的白平衡模式，摄影师在这些环境中拍摄时，直接调用相机内置的白平衡模式即可拍摄出色彩还原准确的照片。

➔ 在午后的太阳光线下拍摄，设定日光白平衡，能够比较准确地还原色彩。 光圈f/8，快门速度1/800s，焦距41mm，感光度ISO200

2. 相机自动设定白平衡

尽管SONY α 系列相机提供了多种白平衡模式供用户选择，但是确定当前使用哪种模式并进行快速操作对于初学者而言依然有些复杂和难于掌握。出于方便拍摄的考虑，相机厂商开发了自动白平衡（AUTO）功能，相机在拍摄时经过测量、比对、计算，自动设定色温值。通常情况下，自动白平衡可以比较准确地还原色彩，满足摄影师对照片色彩的要求。自动白平衡适应的色温值范围为3500K ~8000K。

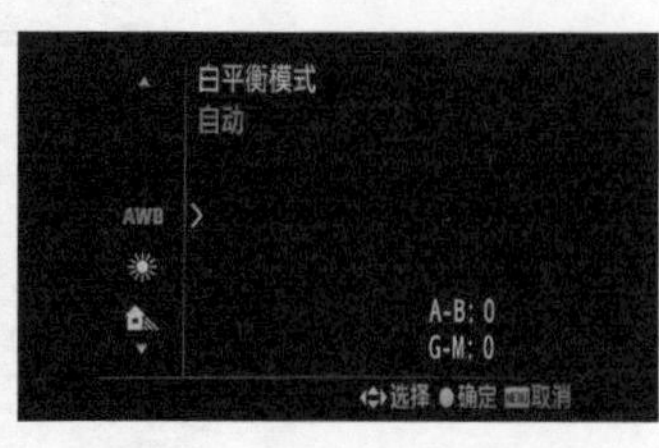

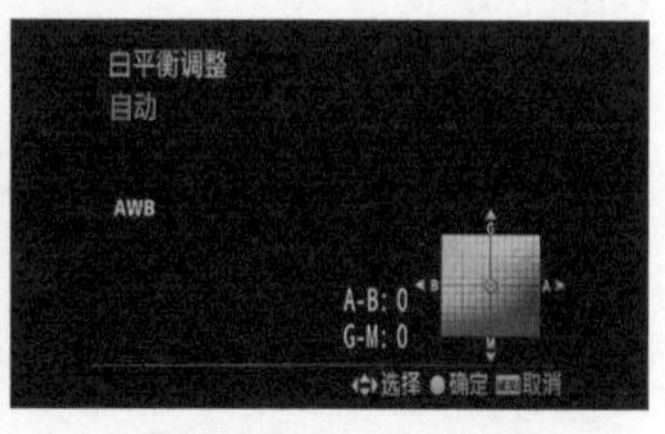

对于大多数场景，自动白平衡可以比较准确地还原色彩。在自动白平衡的保持白色档下，相机会自动矫正可能出现的偏色，这是我们最常使用的白平衡设置之一

自动白平衡的适应范围广，准确性很高。在幽暗的弱光环境中，利用自动白平衡功能能够比较准确地还原色彩。 光圈f/11，快门速度2s，焦距164mm，感光度ISO100

3. 手动调整色温值

摄影师手动调整色温值，即在2500K~9900K的范围内进行色温值的调整。数值越大，得到的画面色调越暖；反之画面色调越冷。

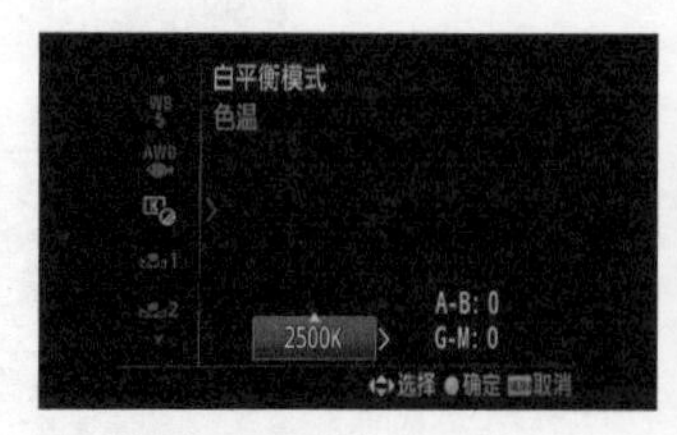

色温调节的最低值

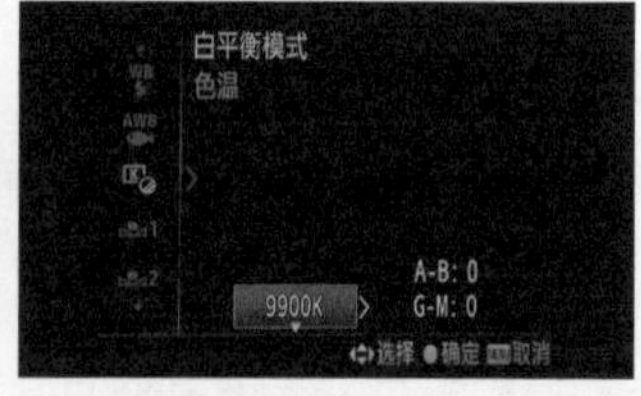

色温调节的最高值

← 太阳快要落山，现场环境的色温值已经降到了4000K左右，最终拍摄时，手动设定了3700K的色温值，比较准确地还原了色彩。光圈f/7.1，快门速度1/1250s，焦距100mm，感光度ISO400

手动调整色温值的功能并不是所有机型都有，只有SONY α系列这类中高档数码单反机型才有。

4. 手动预设白平衡

虽然可以在后期对照片的白平衡进行调整，但是在没有白色参照的情况下，我们仍旧很难准确还原色彩。在拍摄商品、静物、书画、文物这类需要真实还原与记录的对象时，为保证准确地还原色彩，尽量少掺杂人为因素与个人审美倾向，可以采用手动预设白平衡的方法，以适应复杂的光源条件，满足严格还原对象本身色彩的要求。

↑ 在光源特性不明确的陌生环境中，如果希望准确记录被摄体的颜色，可以使用标准的白板（或灰板）对白平衡进行手动预设，以确保拍摄的照片色彩还原准确。光圈f/8，快门速度2.5s，焦距38mm，感光度ISO100

在有强烈色彩氛围的光线条件下拍摄时，使用手动预设白平衡的方法可以较好地对色彩进行补偿，尽可能还原被摄体本身的色彩。光圈f/7.1，快门速度0.6s，焦距41mm，感光度ISO100

6.1.5 灵活进行白平衡设置以表现摄影师的创意

纪实摄影要求我们客观、真实地记录世界，以再现事物的本来面貌，比如我们按照实际光线条件选择对应的白平衡模式，可以还原景物真实的色彩。而摄影创作（如风光摄影）则是在客观世界的基础上充分想象，创造出超越现实的美丽图画。这样的摄影创作或许超越了常人对景物的认知，但它能够给观众带来美的享受和愉悦。通过手动设定白平衡的方法，我们可以追求气氛更强烈甚至色彩异样的画面，强化摄影创作中的创意表达。

人为设定“错误”的白平衡，往往会使照片产生整体色彩的偏移，也就能制造出不同于真实现场的别样感受。如偏黄可以营造温暖的氛围、怀旧的感觉；偏蓝则显得画面冷峻、清凉，甚至阴郁。

夜晚的城市光线非常复杂，白炽灯、荧光灯，天空中也会有一些光线，如此复杂的光线条件下应该尽量让照片色彩往某一个方向偏移。面对这种情况，建议设定较低的色温值，让照片偏蓝，这样画面会非常漂亮。光圈f/11，快门速度30s，焦距12mm，感光度ISO100

日落时分，阳光穿过云层，光影效果非常出色，但使用自动白平衡只能得到灰蒙蒙的画面效果，落日的金黄色彩黯淡了很多。使用阴影白平衡则可以令金黄色彩变得夸张，影调层次也会丰富很多。 光圈f/5，快门速度1/320s，焦距16mm，感光度ISO100，曝光补偿-2EV

6.1.6 需要格外注意的阴天白平衡

根据前文介绍过的知识与技巧，拍摄照片时我们只要根据现场的实际光线条件，设定正确的白平衡模式就可以了。但如果我们有一定的摄影经验，那可能会发现一个问题，在阴天的环境中，如果设定阴天白平衡，拍摄出来的照片往往过于偏红或偏黄。像是下面的例子中，当时阴云密布，还有淅淅沥沥的小雨，若设定阴天白平衡拍摄，会发现照片色彩过于偏暖；若设定色温值为4000K，照片色彩反而变得非常准确。

设定阴天白平衡拍摄（色温值约为6000K）

设定较低的色温值（4000K）拍摄。 光圈f/8，快门速度1/200s，焦距105mm，感光度ISO200

在现实环境中，阴天的光线是多样的，大多数的阴天场景的色温值是低于6000K的。所以在一般的阴天环境中，我们设定阴天白平衡来拍摄，相机参考的色温值是高于现场实际色温值的，照片往往就会偏红或偏黄。

对于这种情况，建议在阴天环境中拍摄时，大多数情况下都设定自动白平衡来拍摄，由相机根据实际情况来设定色温值，以更加准确地还原真实场景的色彩。

6.2 创意风格（照片风格）

6.2.1 创意风格设定对照片的影响

相机输出的JPG格式照片是由RAW格式文件经过压缩和优化后得到的。为了适应不同的拍摄题材，厂商为JPG格式照片的输出设定了不同的优化方式。佳能称之为照片风格，尼康称之为优化校准，而索尼称之为创意风格。例如，拍摄风光题材时，只要设定风景创意风格，那相机输出的JPG格式照片中，绿色草地及蓝色天空等的色彩饱和度会比较高，并且照片的锐度较高、反差较大，画面看起来是色彩明快、艳丽的；而如果设定人像创意风格，那输出的JPG格式照片会是亮度稍高，而饱和度较低、反差较小的，这样可以显得人物的皮肤平滑、白皙。

拍摄照片时，我们可以根据不同的拍摄对象或题材，设置与主题相契合的创意风格，如标准、肖像、风景等。

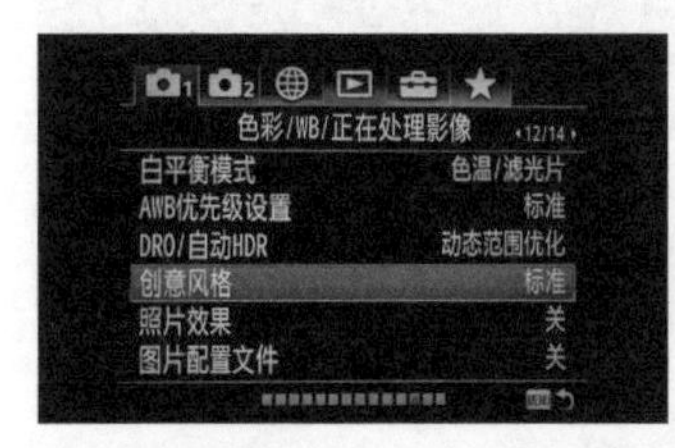

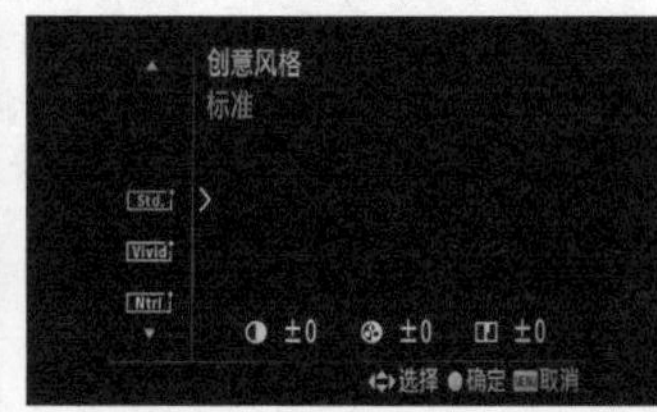

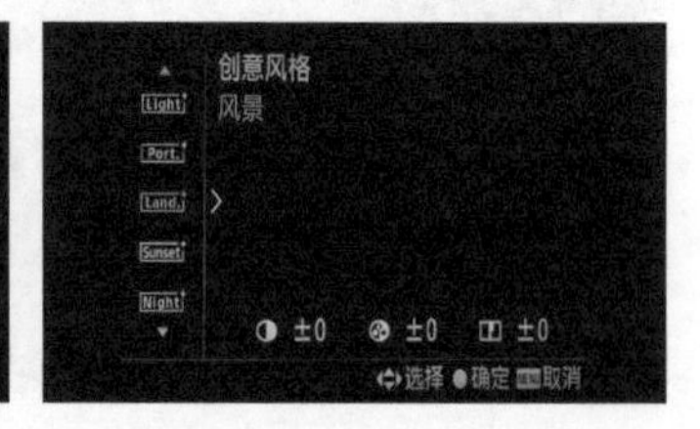

在大量拍摄某类照片之前，建议用户提前进行照片创意风格的设定

（1）标准：使用标准创意风格拍摄的照片清晰、明快，此创意风格可适用于大多数拍摄场景，也就是说，无论风光摄影还是人像摄影，无论雪景摄影还是夜景摄影，都可以使用标准创意风格。

（2）生动：设定这种创意风格后，照片的饱和度和对比度将会提高，可以更加深刻地表现花朵、蓝天或大海等色彩丰富的对象。

（3）中性：获取的照片色彩和画面柔和度都比较适中，获取的照片比较适合进行计算机后期处理。

（4）肖像：肖像创意风格的特色主要在于能很好地展现人物主体的肤色信息。获取的照片清晰、明快，使用此类创意风格拍摄女性或小孩的效果非常明显。在人像拍摄模式下，创意风格默认为肖像创意风格。同时，调整拍摄时的色调设定也能改变人物主体的肤色。

（5）风景：用此创意风格拍摄的照片的蓝色调和绿色调非常鲜艳，并且整体非常明快。在设定拍摄模式为风景时，默认的创意风格就是风光创意风格。

（6）黑白：黑白创意风格适用于进行黑白照片的拍摄，可以获得画面冲击力很强的黑白影像。

创意风格：生动

除以上几种比较典型的创意风格之外，索尼微单还有清澈、深色、清淡、黄昏、夜景、红叶、棕褐色等并不算常见且适应性不算很强的创意风格。一般来说，这些创意风格使用得相对少一些。选择好具体的创意风格之后，如果觉得照片在锐度、对比度、亮度、饱和度和色相方面仍不是太理想，可以进入调整菜单进行微调。

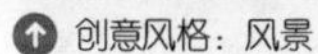

创意风格：风景

创意风格：人像

6.2.2 创意风格设定的重要常识

一般情况下，摄影师需要根据实际拍摄的题材来进行创意风格的设定。那如果设定了错误的创意风格，比如要拍摄人像写真，却不小心设定为了风景创意风格，怎么办呢？只要拍摄了RAW格式文件，那就不会产生严重的后果。如果没有拍摄RAW格式文件，也就是说没有保留最原始的拍摄信息，直接将场景优化并压缩为了一张JPEG格式照片，那照片的色彩表现力就会差一些。

1. 针对RAW格式的设定

创意风格是相机将记录的原始信息（你也可以认为是RAW格式文件）转为JPEG格式照片时所使用的优化方式。如果拍摄人像时设定了风景创意风格，后果就是拍摄出的JPEG格式照片的色彩过于浓郁。要修正这个问题，只要在后期软件中打开RAW格式文件，将其设定为肖像创意风格，然后重新转一张JPEG格式照片出来就可以了。在Photoshop的Camera Raw组件中，你只需在相机配置文件中将创意风格设定为Portrait（肖像）即可。

设定风景创意风格，在输出JPEG格式照片时，画面效果更令人满意。 光圈f/22，快门速度1/640s，焦距105mm，感光度ISO100

2. 针对JPEG格式的设定

如果你不善于使用RAW格式文件，只拍摄JPEG格式照片，会有两种情况需要你认真处理。其一，如果你不对照片进行后期处理，那就必须根据拍摄题材设定正确的创意风格，拍风景就设定风景创意风格，拍人物写真就设定肖像创意风格……其二，如果你想要对拍摄的JPEG格式照片进行一定的后期处理，那就应该将照片设定为中性等创意风格，由此拍出的照片的色彩饱和度、锐度等都比较低，给后期处理留出了充分的发挥空间；如果你设定了风景、生动等创意风格，后期再进行饱和度的提升，那照片色彩就会过度浓郁而导致照片失真。

6.3 色彩空间

6.3.1 sRGB与Adobe RGB

色彩空间也会对照片的色彩有一定影响，但在人眼可见的范围内，我们几乎分不出差别。人眼对色彩的视觉体验与计算机及相机对色彩的反应是不同的。通常来说，计算机与相机对色彩的反应要弱于人眼。因为前两者要对色彩抽样并进行离散处理，所以在处理过程中就会损失一定的色彩，并且色彩扩展的程度也不够，有些颜色无法在屏幕上呈现出来。计算机与相机处理色彩的模式主要有两种，分别为sRGB与Adobe RGB。

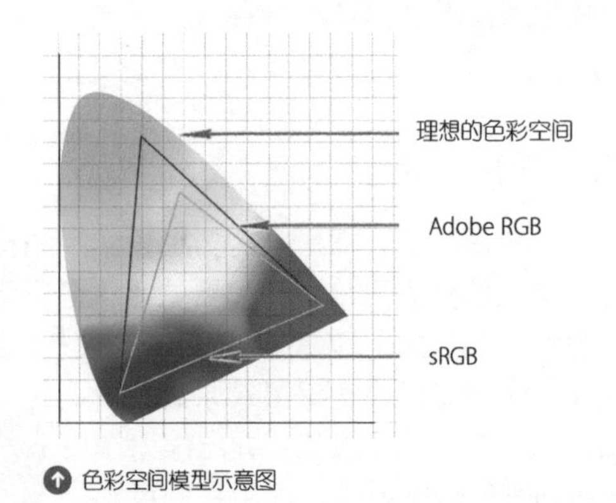

↑ 色彩空间模型示意图

sRGB是由微软公司联合惠普、三菱、爱普生等公司共同制定的色彩空间，主要目的是使计算机在处理数码图片时有统一的标准。当前绝大多数的数码图像采集设备厂商都全线支持sRGB标准，在数码单反相机、摄像机、扫描仪等设备中都可以设定sRGB选项。但是sRGB也有明显的弱点，主要表现为这种色彩空间的包容度和扩展性不足，许多色彩无法在这种色彩空间中显示，这样在拍摄照片时就会造成无法还原真实色彩的情况。也就是说，这种色彩空间的兼容性更好，但印刷时的色彩表现力可能会差一些。

Adobe RGB是由Adobe公司在1998年推出的色彩空间，与sRGB相比，Adobe RGB具有更为宽广的色域和良好的色彩层次表现，在摄影作品的色彩还原方面，Adobe RGB更为出色，另外在印刷输出方面，Adobe RGB更是远优于sRGB。

从应用的角度来说，摄影师可以在相机内设定Adobe RGB或sRGB。如果为了确保所拍摄照片的兼容性（要在手机、计算机、高清电视等电子器材上显示统一的色调风格），并考虑到将会大量使用直接输出的JPEG格式照片，建议设定为sRGB。如果拍摄的JPEG格式照片有印刷的需求，可以设定色域更为宽广的Adobe RGB。

如果摄影师具备较强的数码后期能力，大多会对RAW格式文件进行后期处理，再输出，那在拍摄时就不必考虑色彩空间的问题，因为RAW格式文件会包含更为广阔的色域，远比机内设定的两种色彩空间的色域宽。摄影师对照片进行处理后，再设定具体的色彩空间将其输出就可以了。

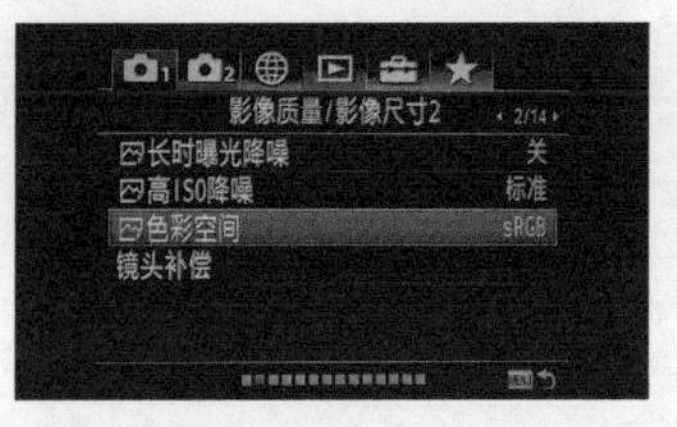

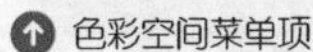
色彩空间菜单项

选择色彩空间

6.3.2 了解ProPhoto RGB

之前很长一段时间内，如果我们对照片有冲洗和印刷等需求，就会先将后期软件的色彩空间设定为Adobe RGB，再对照片进行处理，因为Adobe RGB的色域较大；如果仅是在个人电脑及网络上使用照片，那设定为sRGB就足够了。当前，在Lightroom与Photoshop之间传输和处理文件时，上述简单明了的规律已经不再适用了。随着技术的发展，当前较新型的数码单反相机及计算机等数码设备都支持一种新的色彩空间——ProPhoto RGB。ProPhoto RGB是一种色域非常宽的色彩空间，其色域比Adobe RGB宽得多。

数码单反相机拍摄的RAW格式文件并不是照片，而是一种原始数据，包含了非常多的色彩信息，如果将后期软件的色彩空间设定为Adobe RGB，就无法容纳RAW格式文件的大量颜色信息，会损失一定量的色彩信息；而设定为ProPhoto RGB则不会。这是为什么呢？右下图向我们展示了多种色彩空间：我们可将最底层的马蹄形色彩空间（Horseshoe Shape of Visible Color）视为理想的色彩空间，该色域之外的白色区域为不可见区域；Adobe RGB的面积虽然大于sRGB，但远小于马蹄形色彩空间；与理想的色彩空间的面积最为接近的便是ProPhoto RGB了，它足够容纳RAW格式文件所包含的色彩信息，将后期软件设定为这种色彩空间，再导入RAW格式文件，就不会损失色彩信息了。

用一句通俗的话来说，Adobe RGB的色域太小，不足以容纳RAW格式文件所包含的色彩信息，ProPhoto RGB才可以。

ProPhoto RGB主要是在数码后期软件Photoshop中使用，设定这种色彩空间，可以确保给Photoshop搭建了一个有充足的色彩空间的处理平台，这样后续在Photoshop中打开其他色彩空间的照片时，就不会出现色彩信息损失的情况了。（比如，将Photoshop的色彩空间设定为sRGB，那打开Adobe RGB的照片进行处理时，就会损失一定的色彩信息。）

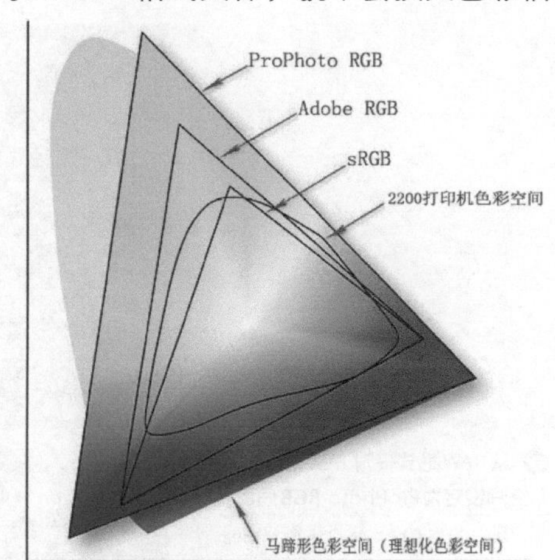

色彩空间模型示意图

RAW格式文件之所以能够包含体量极为庞大的原始数据，与其采用了位深度更大的数据存储方式是密切相关的。在8位数据存储方式下，每个颜色通道只有2^8（256）个色阶，而在16位数据存储方式下，每个颜色通道将有数千个色阶，这样能容纳体量更为庞大的色彩信息。所以，我们在将Photoshop的色彩空间设定为ProPhoto RGB后，只有同时将位深度设定为16位，才能让两种设定互相搭配，相得益彰；此时将位深度设定为8位是没有意义的。

↑ 从RAW格式转为JPEG格式，色彩空间设定为sRGB后的画面效果

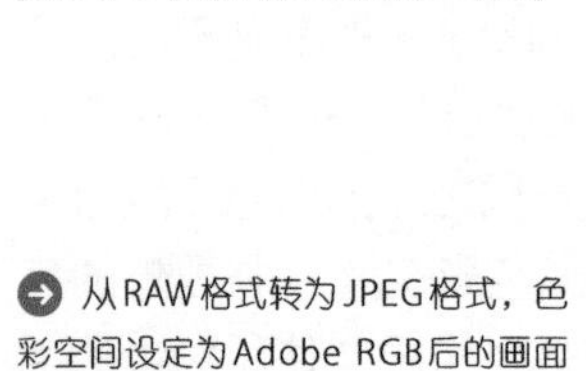

→ 从RAW格式转为JPEG格式，色彩空间设定为Adobe RGB后的画面效果

→ 从RAW格式转为JPEG格式，色彩空间设定为ProPhoto RGB后的画面效果　光圈f/13，快门速度1/100s，焦距14mm，感光度ISO100

6.4 加白和加黑对色彩的影响

明度是色彩三要素之一。对色彩加白或加黑都会让色彩饱和度下降。具体在摄影时，提高照片亮度（如拍摄时增加曝光值，后期处理时提亮照片等）就相当于加白，降低照片亮度就相当于加黑，都会造成色彩饱和度的下降，只有明暗适中的照片，色彩表现力才会最强。

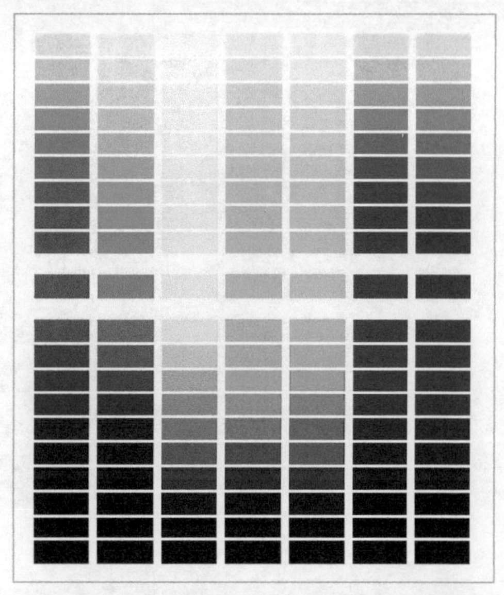

中间一行是不同的色彩，向上是加白，明度提高，向下是加黑，明度降低，但这两种变化都会让色彩饱和度降低

在实际的应用当中，如果我们要拍摄人像写真，提高曝光值（前提是不会严重过曝）就相当于加白，色彩饱和度会降低，这样人物肤色就不会太深，同时人物肤色会变亮，显得白皙很多。 光圈f/1.8，快门速度1/200s，焦距85mm，感光度ISO100

CHAPTER 7

第7章

第三只眼——镜头的选择与使用技巧

索尼公司为 α 系列全画幅微单相机提供了多款配套镜头，摄影师可以根据自己的拍摄习惯和应用范围进行选择。通过镜头卡口适配器（转换接圈），摄影师可以将任意镜头转接在索尼 α 系列相机上使用，完全不受相机卡口的限制，极大地扩展了摄影师的选择空间。

光圈 f/1.4，快门速度 10s，焦距 24mm，感光度 ISO2000（多张堆栈）

7.1 关于镜头的基本知识

7.1.1 焦距

焦距指平行光线穿过镜片后，所汇集的焦点至镜片（镜头的光学中心）的距离。焦距是镜头最重要的参数之一，不仅决定着拍摄的视场角大小，同时还会影响景深、画面的透视，以及物体成像尺寸。定焦镜头的焦距采用单一数值表示，变焦镜头的焦距为一个焦距范围。焦距的单位为mm。根据用途的不同，镜头的焦距的范围极广，短到几mm的鱼眼镜头，长至数千mm的超长焦望远镜头，不同焦距的镜头有着不同的用途。

7.1.2 最大光圈

最大光圈表示镜头透过光线的最大能力，也是镜头重要的性能指标。定焦镜头采用单一数值表示；变焦镜头中，恒定光圈镜头（焦距变化而最大光圈保持不变）采用单一数值表示；浮动光圈镜头（光圈值随焦距变化而变化），广角端与远摄端的最大光圈以焦距范围两端的数值标记。光圈没有单位，一般写作“F（光圈值）”或“f/（光圈值）”。定焦镜头根据焦距不同，最大光圈一般为 f/1.4 ～ f/2.8，最大有 f/1 的镜头，价格非常高；变焦镜头中，恒定光圈为 f/2.8 的镜头属于专业级别的高档镜头，而浮动光圈为 f/3.5（或更小）～ f/5.6（或更小）的镜头多为普及型镜头。

7.1.3 镜头的像差

在光学系统中，由透镜材料的特性、折射或反射表面的几何形状引起的实际成像与理想成像的偏差称为像差。像差是不可能完全消除的，不过镜头厂商通过对光学系统的优化设计、制造工艺的改进以及新材料新技术的运用，可以尽量将其减小。

镜头的常见像差及方法有如下几种。

（1）球面像差：通常表现在广角与超广角镜头中，可以通过采用非球面镜片来消除；高档镜头多采用使用光学玻璃切削方法制造的非球面镜片，成本较高，普及型镜头多采用模铸的树脂非球面镜片。

（2）彗形像差：通过收缩光圈可以部分弥补。

（3）像散：多在长焦镜头中出现，可以通过使用萤石、ED 等低色散镜片或APO（复消色差）设计进行改善。

（4）像场弯曲：微距镜头由于其特殊的用途，对于像场弯曲普遍能很好地抑制，其他类型的镜头可以通过收缩光圈来弥补。

（5）畸变：通常在变焦镜头的焦段两端（特别是广角端）表现得比较明显，设计优秀的镜头在畸变抑制上做得较好；在拍摄产品或建筑时，畸变的影响不可忽视，由于镜头的畸变在边角表现得更明显，因此拍摄时可以让主体尽量占据画面中心部分，后期通过剪裁（牺牲部分像素）的方法予以改善；有些畸变通过后期的数码图像处理软件也可以得到一定程度的校正。

评价镜头光学素质的指标包括解像力（细节刻画能力）、色彩还原能力（再现真实色彩的能力）、反差（层次丰富程度）与眩光控制（对光线反射的抑制能力）等。此外，镜头的成像均匀度也需要注意，普遍规律是：中心解像度高，边角解像度低；中心亮度高；边角亮度低；边角成像与中心成像的差距越小，镜头的光学素质越高。当使用镜头的最大光圈时，成像的不均匀特性表现得最为明显。

7.2 镜头焦距与视角

镜头的视角是指镜头中心点到成像平面对角线两端所形成的夹角。对于相同的成像面积，镜头焦距越短，视角就越大。在拍摄时，镜头的视角决定了可以拍摄到的范围，当焦距变短时，视角变大，可以拍摄更宽的范围，此时远处的拍摄对象成像较小；当焦距变长时，视角变小，能够拍摄到的范围就变窄，但可以使较远的物体成像变大。此外，不同焦距、不同视角、不同距离的拍摄对象之间的透视关系也有所不同，因此熟悉不同焦距镜头的视角表现是摄影师必须修炼的基本功。

7.2.1 视野广阔的广角镜头

广角镜头的焦距短于标准镜头，视角大于标准镜头，所拍摄画面的透视感较强。常用的广角镜头焦距一般为14-35mm。由于广角镜头视角大，可以在画面中容纳更多元素，因此在风光摄影中的应用最为广泛。当画面中存在前景时，强烈的透视感可以起到夸张和突出的作用，给人以新奇的视觉感受。由于广角镜头所摄画面的景深较深，因此在记录全景时有独特的优势。

常用焦距：14mm、16mm、20mm、21mm、24mm、28mm、35mm。

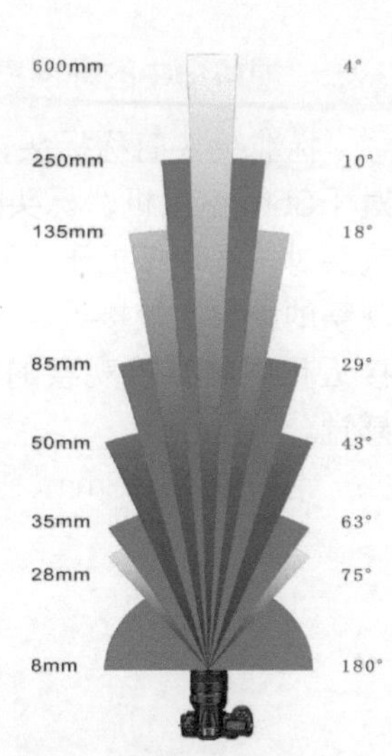

焦距与视角示意图

Vario-Tessar T* FE 16-35mm F4 ZA OSS镜头

用广角镜头拍摄的画面。 光圈f/8，快门速度1/100s，焦距14mm，感光度ISO200

7.2.2 视角适中的标准镜头

标准镜头简称标头，指焦距长度和所摄画幅的对角线长度大致相等的摄影镜头。对于35mm 相机，标头的焦距通常为 40-55mm，其视角一般为45°～50°。用标准镜头时，视角接近于人眼正常的视角，景物的透视也与人眼观察的结果比较接近。因此，使用标准镜头拍摄的照片最为接近用眼睛直接观察的画面，能给人真实、平和、自然的感觉。

常用焦距：43mm、50mm、55mm、60mm。

Sonnar T* FE 55mm F1.8 ZA镜头

用标准镜头拍摄的画面。光圈f/9，快门速度25s，焦距32mm，感光度ISO100

7.2.3 浓缩精华的长焦镜头

一般把焦距大于 85mm 的镜头称为中长焦镜头，其特点是视角小、景深浅，具有压缩透视效果，适用于景物与人物的特写拍摄。

实际拍摄时，摄影师可以利用长焦镜头的压缩透视效果将画面中的元素进行浓缩与提炼，通过改变前景与背景的透视关系来突出主体，凝聚视线。

在使用长焦镜头时要特别注意对焦准确、持机稳定，并保证快门速度不低于焦距的倒数，这样才能获得清晰的照片。在使用焦距为300mm 以上的大光圈镜头拍摄时，由于镜头自重较大，手持拍摄将十分困难，因此需要独脚架或三脚架的辅助。

常用焦距：85mm、105mm、135mm、180mm、200mm、300mm。

FE 70-200mm F4 G OSS镜头

索尼微单相机安装完FE 70-200mm F4 G OSS的整体样子

FE 70-200mm F4 G OSS镜头后面的样子

用长焦镜头拍摄的画面。 光圈f/11，快门速度2s，焦距105mm，感光度ISO100

7.2.4 超长焦远摄镜头

焦距超过 400mm 的超长焦远摄镜头是专业体育赛事、野生动物摄影师的利器。特别是恒定光圈的大口径定焦镜头，使用它不仅可以清晰捕捉到远处的拍摄对象并获得较大尺寸的成像，同时画质也非常优秀。但由于超长焦远摄镜头的体积、重量较大且价格较高，只有拍摄特定题材的专业摄影师才会考虑购置。

FE 100-400mm F4.5-5.6 GM OSS镜头

用超长焦远摄镜头拍摄的画面。光圈f/6.3，快门速度1/25s，焦距600mm，感光度ISO1000

7.3 SONY 镜头技术特点

7.3.1 索尼的A卡口与E卡口

索尼生产的可换镜头数码相机共有两类：采用半透明反光镜的 A 卡口相机，以及不使用光镜的E卡口相机。SONY α 系列相机为 E卡口相机。

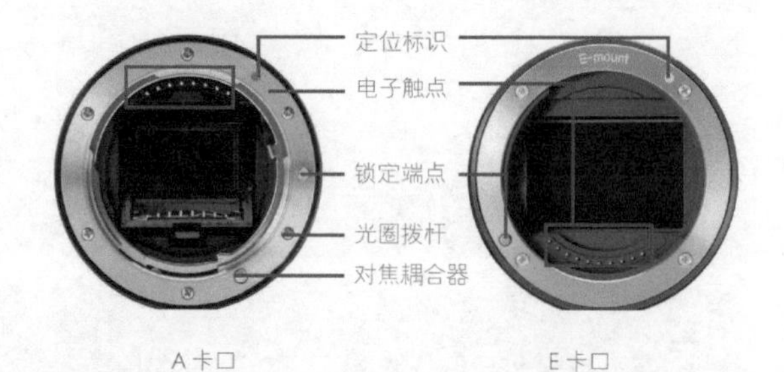

A卡口与E卡口详解

除外形尺寸外，A 卡口和 E 卡口镜头的主要区别是法兰距不同。法兰距是指镜头后部到影像（传感器）平面的距离。许多 A 卡口相机均沿用传统单反相机的设计，即镜头后部与传感器之间有一个反光镜，因此这种相机需有足够的法兰距为反光镜提供空间。但 E 卡口相机无反光镜，所需的法兰距要短得多，所以镜头的尺寸也更小。

7.3.2 传感器规格

35 mm 胶片的画幅尺寸为 36 mm × 24 mm，全画幅数码单反相机的图像传感器的尺寸与之接近。APS-C 画幅的感光元件尺寸约为 24 mm × 16 mm。适配这两种画幅规格的可更换镜头意味着其像场可以覆盖相应的影像传感器。“DT”系列型号的索尼镜头仅与 APS-C 规格的数码单反 / 单电相机兼容，其他型号的镜头可兼容全画幅和 APS-C 画幅两种规格。

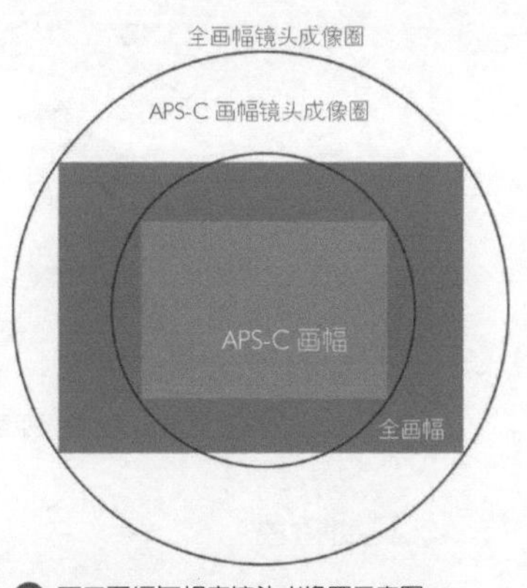

不同画幅与相应镜头成像圈示意图

7.3.3 高品质光学镜片

镜头由多片 / 组光学镜片组合而成，镜片是其最重要的组件之一，镜片的透光率、曲率以及光路设计等都会直接影响摄影作品的品质。索尼在镜头的研发、设计制作方面精益求精，与光学巨擘蔡司的合作令镜头的品质进一步提高。

1. 非球面镜片——改善球面像差与影像扭曲

单反镜头通常由多片球面镜片组合而成，但球面镜片无法将并行的光线以完整的形状聚集在一个点上，在影像表现力方面具有一定的局限性。索尼对非球面镜片技术进行了深入研发，通过非球面镜片修正大光圈镜头的球面像差，即使在大光圈下也能消除色散，解决了大光圈镜头的球面像差补偿、超广角镜头的影像畸变问题，并有效减小了变焦镜头的体积。

2. 低色散 / 超低色散玻璃镜片——减少色差

使用超低色散镜片（Extra-low Dispersion glass）的镜头可以有效解决长焦镜头容易出现的色差问题，提高图像的清晰度和锐利度。此类镜片在全开光圈下也能保持较强的解像力，多用于长焦及大光圈镜头（为了减少色差，部分广角标准镜头也采用此种镜片）。

3. 纳米抗反射涂层

纳米抗反射涂层具有纳米级精细结构，通过涂层中均匀分布的微小突起，大幅度地减少入射光到达镜片边界时所产生的反射光，有效降低眩光对画质造成的影响。

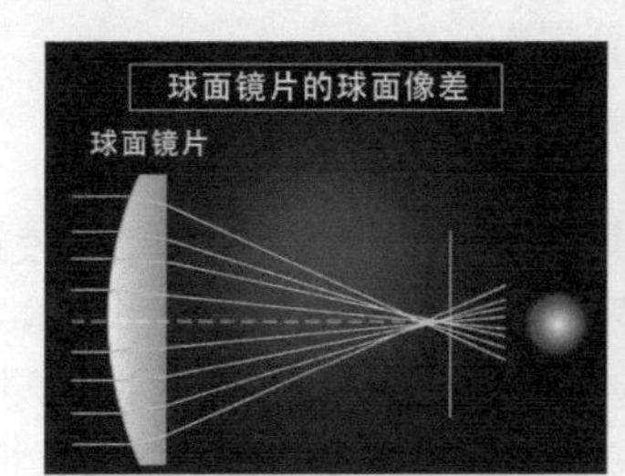

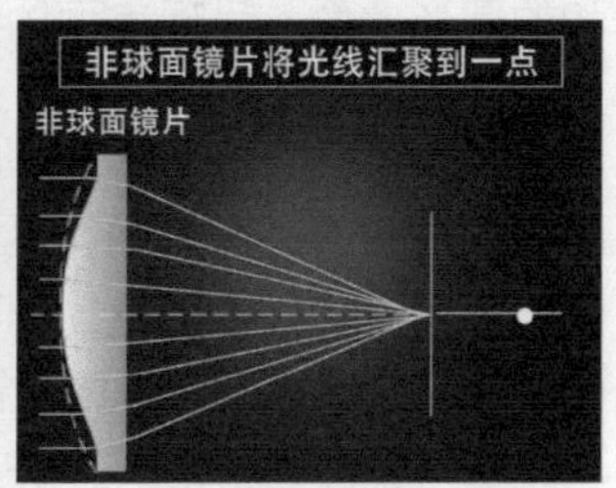

左图为球面镜片焦点所形成的弥散圈，右图为非球面镜片的清晰焦点示意图。

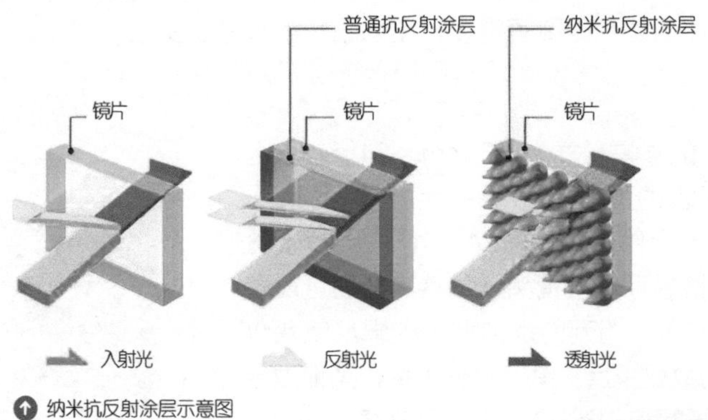

纳米抗反射涂层示意图

7.3.4 其他特色

1. 超声波马达

超声波马达（Super Sonic Wave Motor，SSM）是利用压电元件受电压会变形的特性制成的，能在低速下得到较大的旋转扭力，且启动和制动的可控性较好，声音小。安装了SSM的镜头采用特殊的位置测量元件，可直接检测出调焦环的旋转量，为自动对焦提供精确的驱动控制，从而充分发挥镜头的光学性能。

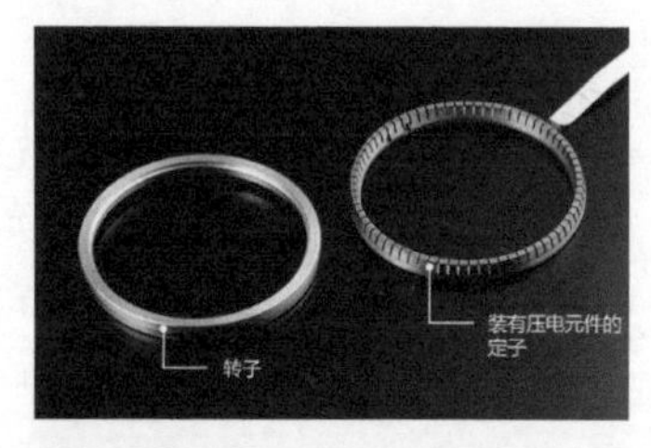

超声波马达

2. 平滑自动对焦马达

平滑自动对焦马达（Smooth Autofocus Motor，SAM）安装于镜头内，无须依靠机身机械传动装置来驱动镜头对焦，自动对焦信息由机身传递至镜头平滑对焦马达并直接驱动镜头组，使对焦更加精确，保证了平滑快速的自动对焦。

平滑自动对焦马达

3. 圆形光圈

一般光圈由7～9片光圈叶片构成，多呈现为7角形或9角形，点光源下的散焦形状不规则。采用7～9片圆形叶片构成的光圈在全开或缩小2挡时，背景成像为柔和的圆形虚像，呈现美丽的背景散焦效果。

圆形光圈

4. 光学防抖

如果快门速度较慢，摄影师手臂抖动及其他振动会使进入镜头内的光束与镜头的光轴产生偏差，导致图像模糊不清。索尼防抖镜头继承了高端专业摄像机的精密度、安静的线性马达和技术，内置在镜头中的Gyro传感器可以侦测到非常轻微的振动，并精确地驱动防抖镜片移动，以达到安静、有效的影像防抖效果，拍摄出优质的动态和静态影像。

5. 焦距锁定按钮

按下镜筒上的焦距锁定按钮即可锁定某一焦点的位置。如果预设了焦距，可通过按此按钮预览预设的焦距。

焦距锁定按钮

6. 对焦限制器

这是一个为了实现迅速对焦而事先设定对焦范围的装置，常见于焦距在200mm 以上的远摄镜头和微距镜头，可以限制使用自动对焦功能进行对焦操作时的测距距离。限定更小、更有效的对焦距离，可以缩短自动对焦的所需时间，加快合焦的速度。

以 AF 70-400mm f/4-5.6 G 镜头为例，如果拍摄的对象较远，可以将对焦范围限定为 3m 到无穷远，自动对焦的测距范围会被限制在这个区间，从而更快速地完成自动对焦。

AF 70-400mm f/4-5.6 G 镜头的对焦限制器

7.4 根据拍摄题材选择镜头

再好的镜头也是为拍摄服务的，有了好相机和好镜头，只是有了成功作品诞生的硬件基础，只有运用得当才能充分发挥其作用。在不同题材的拍摄中，摄影师对镜头的要求也各不相同，摄影师需要从焦距、光圈到镜头的附加性能等方面进行综合考量，根据拍摄目的来进行镜头选择。

当然，大多数用户涉猎广泛，拍摄题材很多，选购镜头时可以根据自己最经常拍摄的题材来决定。如果以人像摄影为主，85mm和135mm的镜头应重点考虑，另外搭配一只包含广角焦段的变焦镜头（如焦距为16-35mm或24-70mm）抓拍动态；如果醉心于生态摄影，那么焦距为105mm 的微距镜头是首选（可以兼顾拍摄人像和静物）；如果喜欢拍摄风光大片，高品质的超广角变焦镜头必不可少。正确的选择加上对镜头性能的了然于胸，才能把镜头的优势发挥到极致。

恒定大光圈变焦镜头的画质极高，堪与定焦镜头媲美，用于风光摄影可以把高画质的优势发挥得淋漓尽致。 光圈f/8，快门速度1.6s，焦距85mm，感光度ISO100

7.5 镜头的合理搭配

索尼出品的每一支蔡司镜头都是精品，对于预算充足的用户，选择3支恒定光圈的变焦镜头既简单又实用，唯一的缺点就是这3支镜头的体积和重量稍大，在需要长途跋涉的拍摄活动中，很可能会成为负担。如果将其中一个焦段以定焦镜头来取代，不但可以保证高素质的成像，同时也减少了摄影包的负荷。具体如何选择，应因人、题材、习惯而异，并无一定之规。

旅行途中，携带一支轻便的大变焦镜头（比如焦距为24-240mm的变焦镜头）会为摄影师带来极大的便利，这支镜头也适用于大多数焦段环境。光圈f/8，快门速度1/100s，焦距240mm，感光度ISO100

7.6 相关的镜头附件与辅助器材

7.6.1 遮光罩

遮光罩可以防止眩光，避免杂光射到镜片上形成有害反射，还能起到一定的镜头保护作用，是必不可少的附件。在购买镜头时，大多商家都会附送配套的遮光罩，有时也需要独立购买。

遮光罩以花瓣形的较为常见，这种设计的遮光效果好，且不会造成四角失光，但是对镜头的设计有一定要求。另一种常见的遮光罩是圆形遮光罩，有橡胶、塑料、金属等多种材质的，常用于定焦镜头。

花瓣形遮光罩

7.6.2 卡口适配器（镜头转接环）

SONY α7（R/S）系列相机配备 LA-EAx 卡口适配器，可以搭配A卡口全画幅镜头及A卡口 APS-C 画幅镜头（此时将以APS-C 规格拍摄影像，镜头的实际视角相当于约 1.5 倍标定焦距时的视角）。

LA-EAx 卡口适配器

LA-EAx 卡口适配器包括 LA-EA1、LA-EA2、LA-EA3 或 LA-EA4。其中 LA-EA1、LA-EA2 支持APS-C 画幅镜头，LA-EA3、LA-EA4 支持全画幅镜头。卡口适配器的种类不同，功能也不同。

第8章

摄影好帮手：附件相关知识

CHAPTER 8

三脚架与独脚架、摄影包及各种滤镜是每个摄影师都需要配备的附件，对其进行综合了解有助于摄影师根据个人需求做出最适合自己的选择。由于数码相机是高精度的电子产品，内部有大量高度集成的电子元件，同时还有很多光学器件，因此正确使用、定期维护保养以及妥善收藏，有助于保持相机正常的工作状态，并延长其使用寿命。

本章以SONY α7R Ⅳ为例进行讲解。

光圈f/8，快门速度0.25s，焦距9mm，感光度ISO100

8.1 三脚架与独脚架

拍摄一张清晰的照片，需要的附件很多，其中最重要的附件之一便是三脚架。

三脚架可以有效地防止拍摄时相机与镜头的抖动，特别是在光线较暗时，相机曝光时间往往较长，手持相机往往无法拍出清晰的照片。三脚架的一个典型应用场合就是夜景拍摄——如果没有三脚架，根本无法拍摄。

在进行微距摄影、精确构图的拍摄时，也需要使用三脚架，否则相机的轻微位移就可能造成拍摄失误，无法得到理想的照片。

此外，拍摄全景照片时，为了保证后期可无缝衔接，应尽可能保持相机水平，而有了三脚架的辅助可以轻松、准确地满足此要求。

独脚架可以看作三脚架的一个特例，大多用于体育摄影。由于只有一根支撑脚，独脚架的稳定性不如三脚架，但是使用更灵活，在狭仄的位置也可以使用，同时便于移动与携带，是配合焦距在300mm 以上的超长焦远摄镜头进行抓拍的利器。

8.1.1　三脚架的结构

标准的三脚架由脚管、中轴和云台3部分组成。有些经济型的入门级三脚架的中轴与云台是一体式结构，这类三脚架的优点是轻便、价廉，但是稳定性和耐久性均不佳，不能满足摄影师的高端需求。

标准三脚架

1. 脚管

三脚架的每一条腿都是由数节粗细不等的脚管套叠而成的，大多为3～4节。节数越少，三脚架的整体稳定性越高。脚管收合之后仍然较长，会导致三脚架的便携性降低。

常见的脚管锁定方式分为套管和扳扣两种，摄影师可以根据自己的操作习惯来选择。套管式稳定性好，扳扣式操作快捷。

2. 中轴

中轴负责衔接三脚架主体和云台，并且可以快速调节高度。有些三脚架的中轴设计为可以倒置安装，从而可以将相机的机位降至接近地面，这在拍摄特殊题材时非常好用。需要注意的是，虽然可以通过升降中轴来调节相机的高度，但是在中轴高度升至最高时，三脚架整体的稳定性会降低，因此选择三脚架时要将此因素考虑在内。

3. 云台

将相机安装在云台上，可以快速调节拍摄角度和方向。根据结构不同，云台可以分为两大类：三向云台与球形云台。三向云台调整精度高，操作灵活。云台不同的结构特点使其有不同的适用范围。例如，风光摄影和商业摄影注重构图的严谨与精确，多使用三向云台；人像摄影与体育摄影重视瞬间的抓取和应用的灵活，因此多使用球形云台。

为了便于快速安装和取下相机，大多数摄影师会选择有快装设计的云台。虽然此类云台的稳定性稍逊，但是操作效率更高，便于随时安装与取下相机。

8.1.2　三脚架的选择要点

市面上的三脚架种类繁多，价格从几十元到几千元，甚至上万元不等，摄影师可以根据自己的经济实力、操作习惯和拍摄题材的特点进行选择。选购三脚架时，重点关注的选择要点包括稳定性、便携性和性价比。

常见的三脚架脚管材质主要有铝合金和碳纤维两种。铝合金三脚架脚管的优点是强度高，结实耐用，易于维护，价格也较实惠；缺点是自重较大，机动性差，不便于长途步行携带。碳纤维材质的三脚架的优点是轻便结实，承重性能佳；缺点是价格高（与相同承重能力的铝合金三脚架相比），且抗剪切力差（如果脚管横向受力可能会出现折断或损坏），不能受重压（携带和托运时要格外留意）。

脚管和中轴的固定方式对稳定性也有影响，挑选的时候可以将中轴升至最高，用手摇晃感受一下，以考察其稳定性。

在确定了材质、结构之后，还要仔细观察制造细节，确保万无一失。在漫漫的摄影长路上，三脚架将是长期伴随摄影师的忠实伙伴，不要让劣质三脚架影响拍摄。

在能力允许的范围内，摄影师应尽可能选择优质的名牌三脚架（如捷信、曼富图、徕图、富图宝、百诺等）。

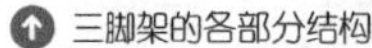
三脚架的各部分结构

使用微距镜头拍摄花瓣的细节。由于放大倍率较高，使用三脚架可以确保图像清晰，细节分明。光圈f/11，快门速度1/400s，焦距90mm，感光度ISO400

8.2 滤镜之选

滤镜是镜头的重要附件，除了起镜头保护作用外，还能滤除光线中特定波长的光线或阻挡部分光线，改变曝光量，打造特殊的画面效果。滤镜的光学品质对相机的成像效果有着不可忽视的影响。滤镜大多由玻璃材料制成，高级别的滤镜不仅使用光学玻璃制造，还施以特殊的镀膜处理，以尽量减少对镜头成像品质的负面影响。

8.2.1 保护镜

高品质的镜头价格高，且镜片表面覆有多层镀膜，娇嫩易损，因此有必要配置专门的保护镜以起到缓冲和保护作用，避免尘土或水汽进入镜头造成污损，在镜头受到意外磕碰时更能起到物理防护的作用。

UV镜是最常用的保护镜之一，在保护镜头的同时还起到滤除光线中的紫外线的作用。为了尽量不影响到镜头的成像品质，摄影师应选择优质的多层镀膜UV镜，如德国的B+W、施耐德，日本的肯高（KENKO）、保谷（HOYA）等品牌的UV镜。

不同品牌的UV镜

↑ 晴天的日光中含有大量紫外线，使用 UV 镜不仅可以保护镜头，还可以滤除光线中的紫外线，使照片的色彩还原更准确。 光圈 f/16，快门速度 1/125s，焦距 14mm，感光度 ISO100

8.2.2 偏振镜

利用偏振镜可以有选择地让某个方向的偏振光通过，常用来消除或减弱水面及非金属表面的强反光，消除或减轻光斑。偏振镜还可以用于降低蓝天的亮度和压暗色调，起到提高色彩饱和度的作用。偏振镜的结构为薄薄的偏振材料夹在两片圆形玻璃片之间，前部可以旋转以改变偏振的角度，控制通过镜头的偏振光的量。旋转偏振镜时，从取景器或实时取景的液晶监视器中可以观察到反光和色彩饱和度的变化，效果达到最佳时停止旋转即可进行拍摄。

由于偏振镜外层需要做成可旋转的结构，因此有些偏振镜整体比较厚，配合超广角镜头使用时会产生暗角，所以如果需要将偏振镜放在超广角镜头上使用，摄影师需要购买超薄型的偏振镜。偏振镜是拍摄风光题材必备的摄影附件。

不同品牌的偏振镜

使用偏振镜可以消除水面反光，使倒影更加清晰。 光圈 f/10，快门速度4s，焦距29mm，感光度ISO500

8.2.3 渐变镜

拍摄风光时（特别是日出、日落等景观），经常会遇到天空和地面光比过大的情形。由于最暗处与最亮处光比极大，很可能超出数码相机的宽容度范围，拍摄时就很难做到整个画面的所有位置都能得到适度的曝光，导致最终拍摄的照片中损失层次和细节。

这种情况下，可以使用胶片时代风光摄影师必备的渐变镜。渐变镜有多种颜色可选，通常选择使用中灰渐变镜，利用它来压暗较亮的天空部分。渐变镜亮暗部分的过渡是逐渐变化的，因此不会在照片上留下明显的遮挡痕迹。

中灰渐变镜分为圆形和方形两种，圆形的可以直接装在镜头上，而方形的则需要通过一个特别设计的框架结构安装到镜头上。圆形中灰渐变镜的亮暗分界线在中央，构图会受到一定的限制。方形中灰渐变镜可以随意调整亮暗分界线位置，灵活度更高。

圆形中灰渐变镜

使用中灰渐变镜压暗天空部分，让画面整体亮度更加均匀。 光圈f/8，快门速度1.3s，焦距28mm，感光度ISO100

8.2.4 中灰镜

中灰镜又称中灰密度镜，也叫ND镜，由灰色透明的光学玻璃制成。中灰镜对光线起到部分阻挡作用，通过降低通过镜头的光量来影响曝光。ND 镜阻挡各种不同波长的光线的能力是同等的，对原物体的颜色表现不会产生任何影响，可以真实还原景物的反差，对于彩色摄影和黑白摄影都同样适用。

根据阻挡光线能力的不同，中灰镜有多种密度可供选择，具体为 ND2、ND4、ND8，它们对曝光组合的影响分别为延长1挡、2 挡、3 挡快门速度。多片中灰镜可以组合使用，不过需要注意的是，由于其处于光路上，中灰镜对成像品质会有一定影响，多片组合的影响就更为显著，因此如非必要，不建议这样使用。

有了中灰镜的辅助，在光线较强的时候也可以使用大光圈或慢速快门，从而能丰富表现手段，实现更精准的景深控制。

方片中灰渐变镜

通过中灰镜将曝光时间延长到10s，云雾形态完全改变，如丝绸般展开。 光圈 f/11，快门速度 10s，焦距 16mm，感光度 ISO100

8.3 常用附件

8.3.1 竖拍手柄/电池盒

对于大多数摄影师而言，竖拍手柄/电池盒并非必备的附件。但是如果摄影师以拍摄人像题材为主，或是需要进行长时间的机动拍摄，那么购置与SONY α7系列相机配套的VG-C1EM竖拍手柄/电池盒是一项明智的选择。

VG-C1EM 竖拍手柄

VG-C1EM 竖拍手柄/电池盒可以为 SONY α7系列相机提供充沛的电力供应，大幅延长相机的续航时间，并拥有独立的快门释放按钮、电源开关、前/后转盘、AEL 按钮和自定义键等操控部件，不仅提高了相机的握持性，更便于进行垂直构图拍摄。

VG-C1EM 竖拍电池盒

竖拍手柄/电池盒可以提高垂直构图时的可操控性，便于捕捉人像外拍的精彩瞬间。 光圈 f/4.5，快门速度1/320s，焦距105mm，感光度ISO320

8.3.2 存储卡

高速、高可靠性、大容量的存储卡是高效成功拍摄的基础。SONY α 7R Ⅳ高像素的特性对存储卡也相应提出了更高的要求。存储卡插槽兼容双 SD 卡，且均兼容 UHS-Ⅱ。

各种各样的存储卡

8.3.3 遥控器

在使用三脚架拍摄时，如果配合使用遥控器，可以避免摄影师用手按快门按钮时造成的相机轻微位移和振动，可以得到更为清晰的图像。

SONY α 系列相机适配的无线遥控器包括 RMT-VP1K、RMT-DSLR2，利用遥控器上的 SHUTTER 快门按钮、2SEC 按钮（2秒后释放快门）可以进行遥控拍摄。

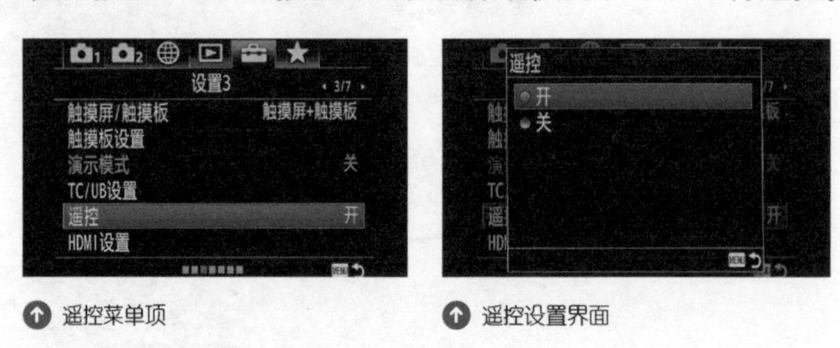

遥控菜单项　　遥控设置界面

第9章

视频与照片画面好看的秘诀：构图与用光

摄影是一门艺术，拥有数码相机和熟练的操作是远远不够的，要想让照片好看，必须掌握构图、光影等方面的美学知识。实际上，经过一段时间的学习之后，不同摄影师拍摄的照片的差别主要体现在构图及用光上。

光圈f/8，快门速度1/25s，焦距9mm，感光度ISO100，曝光补偿+0.3EV

9.1 构图决定一切

9.1.1 黄金构图法则及其拓展

学习摄影构图，黄金构图法则是必须掌握的构图知识，因为黄金构图法则是摄影学中最为重要的构图法则之一，许多种构图法则都是由黄金构图法则演变或简化而来的。而黄金构图法则又是由黄金分割演化而来的。黄金分割是指将一条线段分成两份，其中，较短的线段与较长的线段之比为0.618:1，并且较长的线段与这两条线段的和的比也为0.618:1，这是很奇妙的。分割线段的点，可以称为黄金构图点。

黄金构图法则可以用一个正方形来推导，将正方形的一条边分成二等份，取中点x，以x为圆心，线段xy_1为半径画圆，其与底边延长线的交点为z，这样可将正方形延伸并连接为一个矩形，由图中可知A:C=B:A=5:8。在摄影学中，35mm胶片幅面的比正好非常接近这种5:8的比例（24:36=5:7.5），因此在摄影学中可以比较完美地利用黄金构图法则构图。

通过上述推导可得到一个被认为很完美的矩形，在这一矩形中，连接该矩形左上角和右下角，然后从右上角向此对角线画一条垂线，这样就把矩形分成了3个不同的区域。按照这3个区域进行画面的安排，得到的便是比较标准的黄金构图。

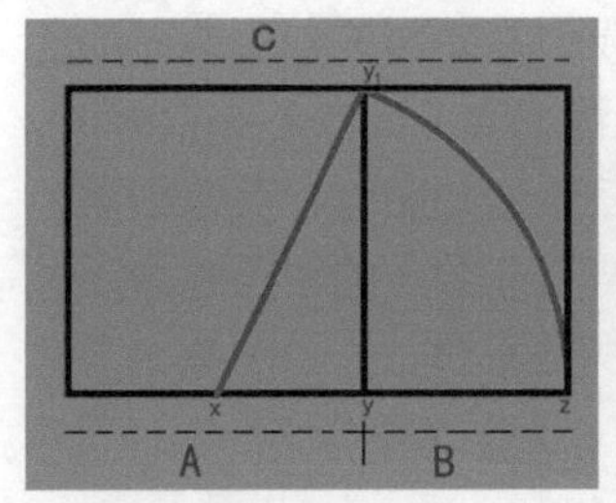

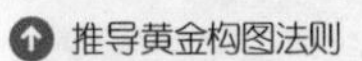
推导黄金构图法则

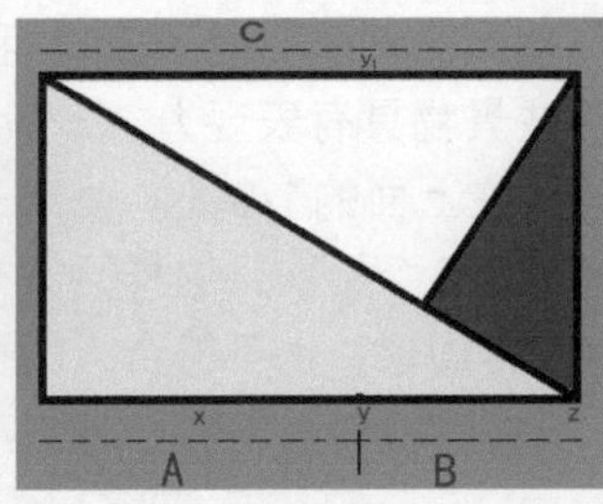

按黄金构图法则确定的3个区域

使用黄金构图法则的案例

画面中的景物分布符合黄金分割构图，看起来比较协调、自然。 光圈f/7.1，快门速度1/800s，焦距16mm，感光度ISO100，曝光补偿 -0.7EV

但在具体应用中，以如此复杂的方式构图太麻烦了，并且大多数景物的排列也不会如我们设想的一样。其实我们可以发现上面矩形中按黄金构图法则确定的3个区域的交点非常醒目，处于视觉的中心位置，如果主体位于这个点上，就很容易引人注目。在摄影学中，这个位置也被称为黄金构图点。

画面中的主体位于黄金构图点上，非常醒目。 光圈f/8，快门速度1/500s，焦距105mm，感光度ISO100

9.1.2 万能三分法

在拍摄一般的风光题材时，地平线通常是非常自然的分界线，常见的分割方法有两种：一种是地平线位于画面上半部分，即天空与地面的比例是1:2；另一种是地平线位于画面的下半部分，这样天空与地面比例就变成了2:1。我们在确定天空与地面的比例时，要先观察天空与地面上有哪些景物具有表现力。一般情况下，天气不是很好时，天空会比较乏味，这时应该将天空放在上面的1/3处。使用三分法构图时，可以根据色彩、明暗等的不同，将画面自然地分为3个层次，这样恰好符合多数人的审美观念。过多的层次（超过3个层次）会显得画面烦琐，也不符合人的视觉习惯，过少的层次又会使画面显得单调。

地平线把画面分为3份，一些重要景物位于分界线上。三分法是非常简单、有效的构图方法。 光圈f/8，快门速度1/640s，焦距105mm，感光度ISO100

9.1.3 常用的四大对比构图方法

对比是指对被摄对象的各种形式要素的形态、数量等进行对照，使各自的特质更加明显、突出，这对观众的视觉感受有较大的刺激，易于使感官兴奋，造成醒目的效果。通俗地说，对比就是有效地运用异质、异形、异量等差异表现画面。对比的形式是多种多样的，在实际拍摄当中，结合创作主题进行对比拍摄可以得到非常出色的效果。

1. 明暗对比构图法

画面是由光影构成的，因此影调的明暗对比显得尤为重要。使用明暗对比构图法时，需要掌握正确的曝光条件，通过相机进行曝光控制，以主体、陪体、前景与背景的明暗度来强调主体的位置与重要性。使用明暗对比构图法时，画面中亮部区域与暗部区域的明暗对比反差很大，但要保留部分暗部的细节，因此摄影师在曝光时应慎重选择测光点的位置。

利用较暗的背景与明亮的主体进行对比，既强调了主体的位置，又通过明暗对比营造出了一种强烈的视觉效果。 光圈f/8，快门速度1/2000s，焦距180mm，感光度ISO100

2. 远近对比构图法

远近对比构图法是指利用画面中主体、陪体、前景以及背景之间的距离感，来强调突出主体。多数情况下，主体会处于离镜头较近的位置，观众的视觉感受也是如此。由于需要突出距离感，同时主体又需要清晰地表现出来，因此拍摄时对焦距与光圈的控制显得比较重要，焦距过长会造成景深较浅，光圈过大时也会如此，并且在这两种情况下对焦时很容易跑焦，如果主体模糊，画面就会失去远近对比的意义。

画面中近处的建筑较大，与远处较小的建筑形成大小对比，既符合人眼的视物规律，又增强了画面的故事性。 光圈f/6.3，快门速度1.6s，焦距19mm，感光度ISO100，曝光补偿-0.3EV

3. 大小对比构图法

摄影画面中，体积大小不同的物体放在一起也会产生对比效果。大小对比构图法是指在构图取景时特意选取大小不同的主体与陪体，形成对比关系。使用大小对比构图法时，取景的关键是选择体积小于主体或视觉效果较弱的陪体。按照这一规律，长与短、高与低、宽与窄的对象都可以形成对比。

对于相同的对象，利用它们之间的大小对比可以使得画面更具观赏性。光圈f/2.8，快门速度20s，焦距14mm，感光度ISO2000

4. 虚实对比构图法

人们习惯把照片的整个画面都拍得非常清晰，但是许多照片并不需要整个画面都清晰，而是画面的主要部分清晰，其余部分模糊。在摄影中，用模糊的部分衬托清晰的部分，清晰的部分会显得更加鲜明、突出。这就是虚实相间，以虚映实。

虚实对比构图法多用虚化的背景及陪体等来突出主体。光圈f/5.6，快门速度1/350s，焦距45mm，感光度ISO100

9.1.4 常见的空间几何构图形式

前面介绍的大量的构图理论与规律，可以帮助读者进一步掌握构图原理，拍摄出漂亮的照片。除此之外，使景物按照一些字母或其他的形状来排列的几何构图形式也比较常见，如对角线构图、三角形构图、S形构图等。这类构图形式符合人眼的视物规律，并且能够额外传达一定的信息。例如，三角形构图的照片除可表现主体的形象之外，还可以给人一种稳固、稳定的心理暗示。

线条让画面富有动感的同时，又具有韵律美。光圈f/8，快门速度1.6s，焦距14mm，感光度ISO400

V形构图在拍摄城市风光时比较常见，使画面具有稳定的支撑结构，是一种冲击力十足的构图形式。光圈f/11，快门速度1/320s，焦距15mm，感光度ISO400

S形构图能够为风光照片带来一种深度上的变化，让画面显得悠远而有意境，且可以强化照片的立体感和空间感。光圈f/8，快门速度1/500s，焦距81mm，感光度ISO200

三角形构图的表现形式比较多，有用于展现主体和陪体关系的连点三角形构图，也有主体形状为三角形的直接三角形构图，并且三角形的朝向也多不相同。如正三角形构图象征着稳定、均衡，而倒三角形构图则会传达出不稳定、不均衡的感觉。具体是使用正三角形构图还是倒三角形构图，要根据现场拍摄场景的具体情况来确定。例如山峰的形状为正三角形，就是一种稳定的象征，应使用正三角形构图。 光圈f/1.4，快门速度5s，焦距24mm，感光度ISO10000

9.2 光影的魅力

9.2.1 光的属性与照片效果

1. 直射光摄影分析

直射光是一种比较明显的光源，照射到被摄体上时会使其产生受光面和背光面两部分，并且这两部分的明暗反差比较强烈。使用直射光进行摄影，有利于表现景物的立体感，勾画景物的形状、轮廓、体积等，并且能够使画面产生明显的影调层次。一般白天晴朗的天气或自然光照明条件下，大多数拍摄场景中都不是只有单一的直射光，还有各种反射、折射、散射的混合光线，但由于太阳直射光的效果最为明显，因此可以近似看作单一的直射光照明。

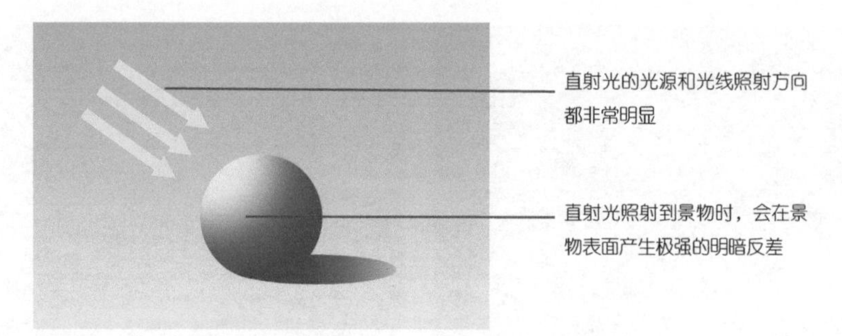

直射光多用来刻画物体的轮廓、图案、线条，或表现刚毅、热烈的情绪

严格地说，光线照射到被摄体上时，会划分出3个区域。

（1）强光区域是指被摄体直接受光的部位，这个区域一般只占被摄体表面极少的一部分。强光区域由于受到光线直接照射，亮度非常高，因此一般情况下肉眼可能无法很好地分辨物体表面的图像、纹理及色彩，但是由于亮度极高，因此这个区域可能会极大地吸引观赏者的注意力。

（2）一般亮度区域是指介于强光区域和阴影区域之间的区域。这个区域的亮度正常，色彩和细节的表现比较合理，可以让观赏者清晰地看到这些内容，是一张照片中呈现信息最多的区域。

（3）阴影区域是指画面中背光的区域。正常情况下，这个区域的亮度不是很低，但由于与强光区域处于同一画面中，因为对比显得比较暗，另外数码单反相机也无法将阴影区域和强光区域都准确显示。阴影区域可以用于掩饰场景中影响构图的一些元素，使得画面整体简洁、流畅。

在直射光下拍摄风光题材时，一切都变得更加简单，强光位置与阴影部分会形成自然的影调层次，画面更具立体感。 光圈 f/4，快门速度 1/500s，焦距 11mm，感光度 ISO80，曝光补偿 -0.3EV

2. 散射光摄影分析

除直射光外，另一个大分类就是散射光了，它也叫漫射光、软光，是指没有明显光源，没有特定照射方向的光线。散射光在被摄体上的任何一个区域的亮度和效果几乎是相同的，即使有差异也不会很大，这样被摄体的各个部分在所拍摄的照片中表现出来的色彩、材质和纹理等也几乎是一样的。

在散射光下进行摄影，曝光的过程是非常容易控制的，因为散射光下没有明显的高光亮部与弱光暗部，没有明显的反差，所以拍摄过程比较简单，并且很容易把被摄体的各个部分都表现出来，而且表现得非常完整。但在散射光下进行摄影会有一个问题，因为画面各部分亮度比较均匀，不会有明暗反差的存在，所以画面影调层次欠佳，这会影响观赏者的视觉感受。

在散光下拍摄风光题材，构图时一定要选择明暗差别大一些的景物，这样景物自身会形成一定的影调层次，画面会令人感到非常舒适。 光圈f/9，快门速度30s，焦距20mm，感光度ISO100

在散射光下拍摄人像，可以使画质细腻柔和。 光圈f/2，快门速度1/500s，焦距85mm，感光度ISO100

9.2.2 不同方向光线下的摄影特点

1. 顺光拍摄的特点

在顺光下，摄影操作比较简单，也比较容易拍摄成功，因为光线顺着镜头的方向照向被摄体，被摄体的受光面会成为照片的主要内容，其阴影部分一般会被遮挡住，这样因为阴影部分与受光面的亮度反差带来的拍摄难度就没有了。顺光拍摄时，曝光过程比较容易控制，被摄体表面的色彩和纹理都会呈现出来，但是不够生动。如果光线的强度很高，景物色彩和表面纹理还会损失一定的细节。顺光拍摄适合摄影新手用来练习用光技巧，另外在拍摄纪念照及证件照时使用较多。

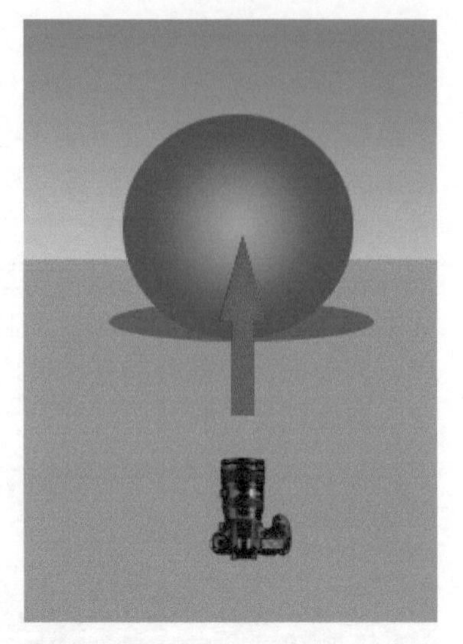

顺光拍摄示意图

顺光拍摄时，虽然画面会缺乏影调层次，但能够保留更多的景物表面细节。因为顺光拍摄几乎不包含阴影，所以很少会产生损失画面细节的情况。 光圈f/11，快门速度0.5s，焦距200mm，感光度ISO100

2.侧光拍摄的特点

侧光是指来自被摄景物左右两侧，与镜头朝向成90°的光线。侧光下，景物的投影落在侧面，景物的明暗影调各占一半，投影修长而富有表现力，表面结构十分明显，每一个细小的突起处都会产生明显的阴影。采用侧光摄影，能比较突出地表现被摄景物的立体感、表面质感和空间纵深感，可产生较强烈的造型效果。在侧光下拍摄林木、雕像、建筑物、水纹、沙漠等各种表面结构粗糙的物体，能够获得影调层次非常丰富的画面，空间效果强烈。

侧光拍摄示意图

侧光拍摄时，一般会在主体上形成清晰的明暗分界线。 光圈f/10，快门速度1/250s，焦距200mm，感光度ISO100

3. 斜射光拍摄的特点

斜射光又分为前侧斜射光（斜顺光）和后侧斜射光（斜逆光）。从整体上来看，斜射光是摄影中的主要用光方式，因为斜射光不单适用于表现被摄对象的轮廓，更能通过被摄对象呈现出来的阴影部分丰富画面的明暗层次，这可以使得画面更具立体感。在斜射光下拍摄风光题材时，无论大自然的花草树木，还是建筑物，由于被摄对象的轮廓线之外会有阴影的存在，因此会给予观赏者立体的视觉感受。

斜射光拍摄示意图

拍摄风光、建筑等题材时，斜逆光是使用较多的光线。斜逆光拍摄能够很容易地勾勒出画面中主体及其他景物的轮廓，增强画面的立体感。 光圈 f/7.1，快门速度 1/800s，焦距 200mm，感光度 ISO400，曝光补偿 -1.7EV

4. 逆光拍摄的特点

逆光与顺光是完全相反的两类光线，逆光是指光源位于被摄主体的后方，照射方向正对相机镜头的光线。逆光下环境的明暗反差与顺光完全相反，受光部位也就是亮部位于被摄主体的后方，镜头无法拍摄到，镜头能拍摄到的是被摄主体背光的阴影部分，亮度较低。但是应该注意，虽然镜头只能捕捉到被摄主体的阴影部分，被摄主体之外的背景部分却会因为光线的照射而成为亮部。这就会使画面的明暗反差很大，因此在逆光下很难拍到被摄主体和背景都曝光准确的照片。但利用逆光的这种性质，我们可以拍摄剪影，这样的画面极具感召力和视觉冲击力。

逆光拍摄示意图

逆光拍摄人像，人物发丝边缘会有发际光，有梦幻般的美感。 光圈f/5.6，快门速度1/200s，焦距240mm，感光度ISO400

强烈的逆光会让主体正面曝光不足而形成剪影。当然，所谓的剪影不一定是非常彻底的，拍摄主体可以如本画面中这样有一定的细节显示出来，这样画面的细节和层次都会更加丰富。 光圈f/8，快门速度1/4000s，焦距115mm，感光度ISO100

5. 顶光拍摄的特点

顶光是指来自主体景物顶部的光线，与镜头朝向成90°左右。晴朗天气里，正午的太阳通常可以看作最常见的顶光光源，另外通过人工布光也可以获得顶光。正常情况，顶光不适用于拍摄人像，因为这样拍摄出的人物的头顶、前额、鼻头很亮，而下眼睑、颧骨下面、鼻子下面完全处于阴影之中，这会造成一种反常奇特的形态。因此，一般避免使用这种光线拍摄人物。

顶光拍摄示意图

在一些较暗的场景中，如老式建筑、山谷、密林等场景，由于内部与外部的亮度反差很大，这样外部的光线照射进来时，会形成非常漂亮的顶光，画面质感强烈。光圈f/7.1，快门速度1/200s，焦距44mm，感光度ISO320，曝光补偿+1EV

第10章

风光摄影

CHAPTER 10

风光摄影是以展现自然风光之美为主要创作目的的门类，风光题材是广受人们喜爱的题材，能够让拍摄和欣赏的人都获得非常美妙的感受。

光圈f/4，快门速度1/40/s，焦距20mm，感光度ISO1000

10.1 拍摄风光题材的通用技巧

10.1.1 通过小光圈或广角拍摄获得较大的景深

拍摄风光题材，首先要注意的事情是要以更大的景深容纳更多景物，呈现出自然风光的美感。拍摄时，应该尽可能让整个场景都处于对焦范围内，因此要选用较小的光圈。光圈越小，所获得照片的景深就会越深。影响景深的因素还有所选用镜头的焦距，我们在进行风光题材的拍摄时，应尽量多使用广角镜头进行创作，来营造画面的纵深感。

（见下页）拍摄风光照片的一个基本要求就是画面必须有足够深的景深，能够将远近的景物都清晰地表现出来。光圈f/10，快门速度1/80s，焦距24mm，感光度ISO100

在拍摄风光时，为获得更深的景深，让远近的景物都清晰地显示出来，我们就需要准确掌握景深四要素——光圈、焦距、物距和间距。

理解了景深四要素之后，就能从全局考虑画面的景深。比如这张照片，以中等焦距拍摄，但由于光圈较小，物距较大，所以可以轻松得到深景深的效果。 光圈f/16，快门速度30s，焦距39mm，感光度ISO100

10.1.2 让地平线更平整的拍摄技巧

风光画面中往往会有天地相融的美景，地平线是分割画面的重要线条，因此地平线在画面中的位置非常重要。通常情况下，若地平线出现倾斜，照片就会给人一种非常难受的感觉，并且最严重的是，往往会“一斜俱斜”，在后期浏览时我们会发现同一批照片基本上全是倾斜的。这是因为摄影师的身体动作不规范，取景时又没有注意。拍摄风光题材时，让地平线平整一些，可以使得画面符合视觉及美学方面的要求，产生和谐、平衡的美感。

地平线发生倾斜，画面失去平衡，给人一种特别不严谨、不专业的感觉

地平线比较平整，这样画面就会比较协调给人一种特别严谨、专业的感觉。 光圈f/13，快门速度1/40s，焦距16mm，感光度ISO200，曝光补偿-0.3EV

有一个非常简单的办法可以让摄影师拍摄出平整的地平线：取景时观察取景框左上和右上两个角与地平线的距离。另外，摄影师也可以利用相机内的电子水准仪来保证地平线的平整，不过应该注意，使用电子水准仪时要在液晶监视器上观察，相对麻烦一些。

10.1.3 利用线条引导视线，增强画面的空间感

我们在拍摄风景照的时候应该问自己一个问题：怎样让我的照片引人注目？其实有很多种方法，例如寻找较好的前景是一种比较普遍的方法，但另外一种更好的方法是运用线条的力量将观赏者带入我们所拍摄的画面中。线条可以引导观赏者的视线，让画面看起来非常自然，并且还可以让画面充满立体感及韵律感。

←（见上页）公路自身的线条引导观赏者的视线延伸到画面深处。
光圈f/8，快门速度5s，焦距47mm，感光度ISO100

拍摄风光题材时，线条是非常重要的一种构图元素：摄影师在拍摄之前应该寻找画面中具有较强表现力的线条，用以引导观赏者的视线，或增加画面深度，增强画面的空间感。常见的线条很多，公路、小道、山脊、水岸等都可以作为画面中引导视线的线条。

利用线条来优化构图时，一定要注意两个问题：线条方向要单一，如果画面中有很多线条，那么这些线条最好都朝着同一个方向延伸；线条最好要完整一些，不完整的线条既起不到导向作用，又会让人感觉画面不完整。

↑ 道路、栈道等经常用于引导视线。 光圈f/5，快门速度1/200s，焦距22mm，感光度ISO320

10.1.4 在自然界中寻找合适的兴趣中心（主体）

风光摄影所涉及的题材非常多，林木、水景、山景等，并且不同题材对应的景别也是千变万化的，摄影师不能看到美景就忘乎所以、不假思索地按下快门按钮，拍摄之前一定要仔细观察，寻找视野内具有较强表现力的景物，即在画面中确定一个兴趣中心，兴趣中心是画面中最吸引人的地方，也是画面中最精彩的地方。它起着把画面其他部分贯穿起来，构成一个艺术整体的作用。兴趣中心可以是人，可以是物，可以是线、点，也可以是色彩。

新手摄影师在面对风光题材时可能会有一个误区，就是没有寻找主体的意识，看到优美的风景就满怀激情地拍摄，而没有理智地思考，所以无法把看到的美景拍摄出来，展现给观赏者。

这张照片展示了一个非常漂亮的场景，但它作为摄影作品是有欠缺的，因为兴趣中心或主体不够明显。光圈f/13，快门速度1/25s，焦距16mm，感光度ISO100，曝光补偿-0.3EV

（见下页）这是非常简单的一个场景，但因为作为兴趣中心的大厦非常醒目和突出，所以画面很耐看。光圈f/16，快门速度1/500s，焦距14mm，感光度ISO100，曝光补偿-0.3EV

10.1.5　慢速快门的使用让画面与众不同

拍摄风光题材时往往有人物或其他物体在移动，这能够提升画面的活力。此外风光画面中的动态物能充实画面的内容，也可增强画面的透视感，例如拍打沙滩的海浪、溪流、移动的云层、公路上行驶的汽车等。

要捕捉到这些物体的动态，一般意味着需要使用慢速快门，有时需要曝光几秒钟。当然，这也意味着有更多的光线照射到感光元件上，你就需要使用小光圈和低感光度的曝光组合，甚至在黎明或者黄昏这种光线较弱的时候拍摄。

拍摄水景或其他一些包含运动景物的画面时，慢速快门是一个比较个性、新颖的选择。这就要求摄影师在外出采风时，即使是白天，也不要忘记携带三脚架及快门线等附件，因为这些附件能够有助于摄影师拍摄出与众不同的照片。

在光线较好的环境中要想拍摄出慢速快门效果，应对相机进行如下设定：降低感光度，缩小光圈（f/8~f/16）。

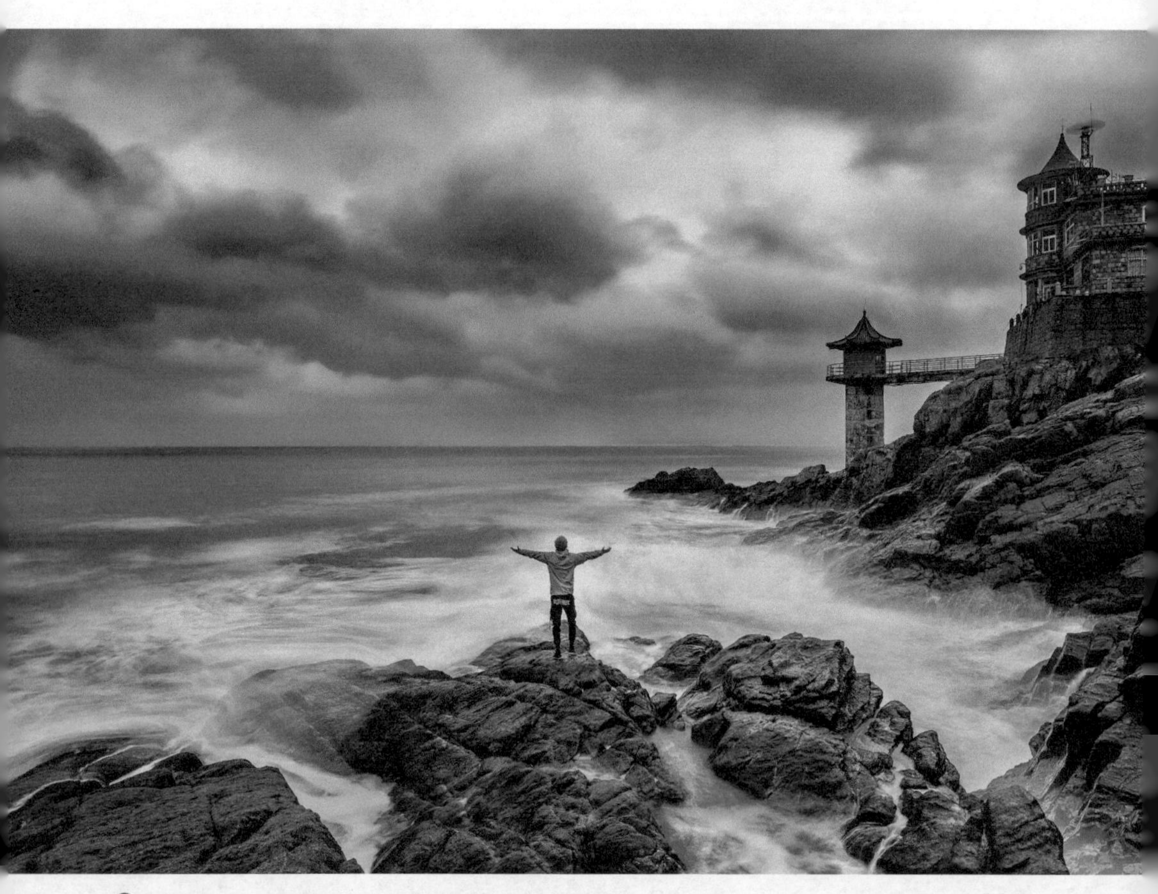

利用慢速快门，将汹涌澎湃的大海拍摄出了雾化效果，画面很奇特。 光圈f/16，快门速度30s，焦距14mm，感光度ISO64

采用慢速快门的拍摄手法，画面会更有感染力，表现力更强。 光圈f/8，快门速度2s，焦距17mm，感光度ISO100，曝光补偿-0.7EV（多张堆栈得到慢速快门效果）

10.1.6 善于抓住天气变化

阳光灿烂的好天气是非常适合外出拍摄的，特别是在早晚光线变暖时，拍摄出的风光画面特别漂亮。但其实，风雨欲来的天气也营造了比较特殊的场景，能让摄影师表现特定的情绪和情感。摄影师应该尝试在各种天气下进行拍摄。比如在雨天拍摄水中的倒影，或将玻璃上的水珠作为前景以表达特定的情感；在雾天创作出具有梦幻感的照片；在下大雪的时候，拿起相机出门走走，也可能会拍摄出许多美好的影像。摄影师要学会利用各种天气进行拍摄，而不是只在蓝天白云的好天气下拍摄。

日落时分，云彩被太阳染色，变成壮丽的火烧云，色彩丰富。 光圈f/8，快门速度1.6s，焦距70mm，感光度ISO100

多雨季节里，捕捉天空中非常有气势的积雨云，能让天空富有变化。 光圈f/4.5，快门速度1/13s，焦距12mm，感光度ISO100

10.2 拍摄不同的风光题材

10.2.1 拍摄具有季节性的风光题材

在我国北方，春夏秋冬四季分明，拍摄风光题材时，季节性是非常重要的照片构成信息，因此在照片中一定要通过色彩把风光题材的季节性表现出来。春季树木的枝叶通常是嫩绿色的，并有许多花朵盛开，色彩绚烂；夏季是绿色的海洋，但各种绿色深浅不一，植物比较繁盛；秋季的植物以红黄色为主；冬季比较清冷，画面色彩感较弱，但如果有雪景，画面会比较漂亮。

秋季摄影，植物通常为红黄色，从而营造出一种偏暖的画面风格。 光圈f/11，快门速度1/60s，焦距172mm，感光度ISO100

雪景是冬季最具有表现力的场景之一。 光圈f/11，快门速度1/500s，焦距38mm，感光度ISO100，曝光补偿+1EV

10.2.2 拍摄森林时一定要找出兴趣中心

与拍摄其他景物一样，拍摄森林时需要找出兴趣中心，它可能是形状怪异的树干、一条蜿蜒的小径等。在拍摄森林的过程中，如果画面过于完整就会削弱森林的临场感和力量感。另外，摄影师还可以通过单独表现深深扎根于土壤中的树根或苍老的树皮等局部，让人对整棵大树或者整片森林加以联想。

拍摄大面积的森林时，可以将树干作为兴趣中心进行强调，让画面产生明显的主体，从而丰富画面的层次。 光圈f/8，快门速度1/60s，焦距45mm，感光度ISO100，曝光补偿-0.3EV

如果拍摄现场没有特别明显的、区别于其他树木的单独树木，也没有表现力较强的枝干、林间小路等景物，那么摄影师可以在森林周围寻找一些人物、动物或比较浓郁的色彩等作为主体进行强调。

10.2.3 枝叶的形态与纹理

如果使用长焦镜头或者微距镜头对几片树叶进行拍摄，可以非常细腻、清晰地展现叶片表面的纹理，表现大自然造物的神奇。拍摄树叶的纹理时，一般会先为树叶选择一个较暗的背景，然后采用点测光模式对叶片的高光位置测光，这样在画面中会形成背景曝光不足但主体曝光正常的高反差效果，主体非常醒目、突出。如果背景也比较明亮，就需要使用大光圈将背景中的杂乱叶片虚化掉，以突出主体。

寻找简单的背景，并且利用虚实对比的手法，营造出秋日特有的氛围。 光圈f/2.8，快门速度1/50s，焦距45mm，感光度ISO200，曝光补偿-0.3EV

采用点测光模式是为了使主体部分曝光准确，这样才能够清晰地表现出主体表面的纹理和脉络。

一定要用大光圈对背景进行虚化，这样才能让主体的枝叶从背景中分离出来，得到突出。

无法分离出数片叶子时，也可以考虑选取大片形态相似、明暗相近的枝叶作为主体。 光圈f/3.5，快门速度1/1000s，焦距155mm，感光度ISO200，曝光补偿-0.3EV

10.2.4 海景的构图与色彩

在拍摄海景的时候，画面中所包含元素的多少、构图形式的变化、色彩的搭配都是决定我们能否拍摄出完美海景照片的因素。海洋与天空的交际线是非常典型的水平线，对着海洋拍摄时一般无法避开它，因此我们可以利用这种线条的特点，使用三分法等进行构图，将交际线置于画面顶部的1/3处，这样既能使海面景观占据画面的大部分区域，还可以搭配一定比例的蓝天白云，丰富构图，给观赏者以和谐、平整、稳定的感觉。

↑ 本画面中这种体积较大的拍摄对象压在天际线上时，可以将天际线安排在靠近画面中间的位置，得到的效果会更协调。 光圈f/4.5，快门速度1/1250s，焦距300mm，感光度ISO100，曝光补偿-0.3EV

海洋通常呈现为非常纯粹的蓝色，与天空的颜色相似，这样就容易造成色彩层次模糊、不明显的效果，因此摄影师应捕捉一些与蓝色有较大差异的构图元素进行画面色彩的调节，比如海面上的帆船、天空中的白云、海鸥等都可以很好地调节画面的色彩。

此外，在构图时，可以选取一些礁石、海浪、渔船作为前景，增强画面的层次感，并可以从另外的角度展现海洋之美。

大家在海边拍摄时，可以用慢速快门表现海浪动感。一般来说，海浪涌动前行的速度相对较快，我们既能目睹其恢宏气势，又能轻松地将其定格。如果要记录下海浪“流动”的状态，可用低于1/30s的快门速度拍摄，光圈宜在f/5.6~f/11 选择，这样可保证获得较为理想的景深。当第一波海浪即将进入取景框时，要不失时机地进行抓拍。

拍摄海洋时以礁石为前景进行构图，不仅能丰富画面层次，还可以让画面获得一种刚柔并济的平衡感。光圈 f/5.6，快门速度 1/15s，焦距 19mm，感光度 ISO100

在海边进行长时间曝光拍摄，一定要注意要离海边远一点，防止海水溅入镜头腐蚀镜片；一定要将三脚架安放在较硬的岩石上，否则在拍摄中途相机就有可能移动，造成所拍摄的照片模糊。

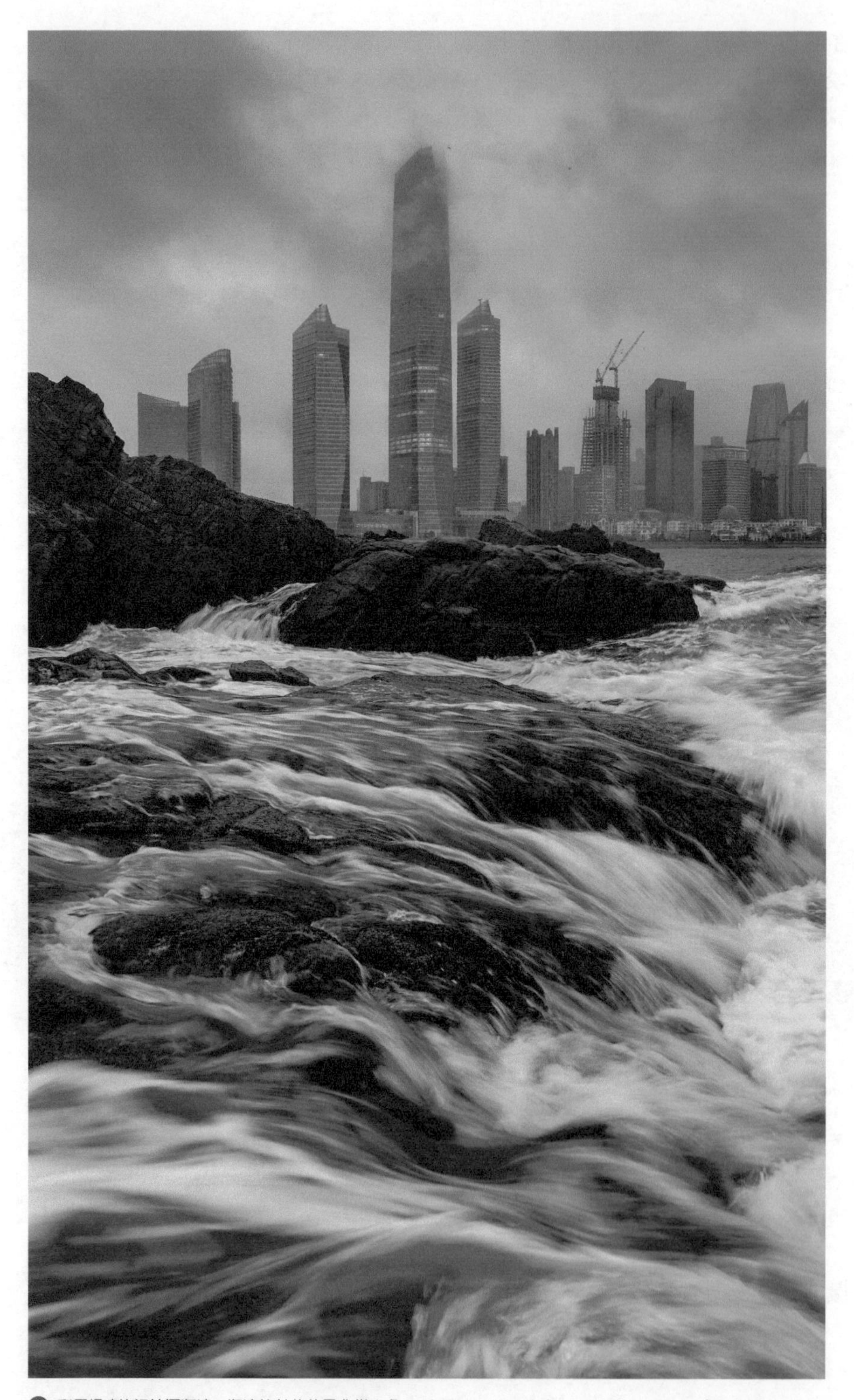

利用慢速快门拍摄海浪，海浪拉丝的效果非常出色。光圈f/9，快门速度1/15s，焦距20mm，感光度ISO100

10.2.5 平静水面的倒影为画面增添魅力

无风的水面，可以将岸边的山体、树木，以及水面的船只等映出非常清晰的倒影，而借助于倒影来与实际的拍摄对象形成对应，可以丰富画面的内容层次，并且让画面的结构变得对称和协调。

要注意的是，通过倒影来构图时，取景要尽量简洁一些，避免画面过于杂乱，而弱化景物与倒影的对比效果

水面倒影可以丰富构图，并给人一种和谐、优美的视觉感受。 光圈 f/8，快门速度 1/40s，焦距 24mm，感光度 ISO100

10.2.6 拍摄仙境般的山间云海

拍摄云海、雪地等高亮画面时，相机所谓的“智能”会让云海变灰，这当然是不对的。因此就需要摄影师进行人工调整，在拍摄时增加曝光补偿值，将相机“偷偷”自动降低的曝光值追加回来，也就是“白加”。利用增加曝光补偿值的手段，我们可以准确还原真实场景，拍摄出仙境般的山间云海。

合适的前景能够丰富画面层次，并使得画面更加耐看。 光圈f/16，快门速度1/90s，焦距105mm，感光度ISO200，曝光补偿-0.5EV

拍摄云海的注意事项如下，一是要早起，一般是在日出前半小时到达拍摄点，这时拍摄出的云海层次分明、光比小、色彩丰富。天色较暗时，容易将云海拍成流动状。二是拍云海通常需登山，摄影师要事先找好上山路线。云海高度不一，登山的高度也随之变化，摄影师要多走多看，千万不要中途放弃。三是要用三脚架，因为太阳出来前光线弱，相机快门速度慢，手持拍摄容易拍虚，使用大光圈和高感光度拍摄，云海的呈现质量会大大下降。四是云海反光能力较强，摄影师在拍摄大面积云海时要增加1至2挡曝光量，否则会曝光不足，从而影响照片质量。五是要逆光或侧逆光拍摄，这样拍摄出的云海会有更多层次，更具透视感，云海的色调也会更加绚丽丰富。

黄山气势磅礴的云海，有一种国画之美。 光圈f/8，快门速度1/30s，焦距88mm，感光度ISO100

10.2.7 天空让画面更具表现力

风光摄影中的一个需要注意的元素是天空。很多风光摄影作品都会有大面积的天空，如果拍摄时恰好天空的景色很单调，不要让天空占据太大的比例，可以把地平线的位置放在画面上方1/3处或更往上。但是如果拍摄时天空中有各种形状有趣的云团和绚丽的色彩，可以把地平线的位置放低，让精彩的天空凸显出来。

拍摄早晚两个时间段的天空时，必须有漂亮的云层作为陪衬才够出众。 光圈f/8，快门速度1/10s，焦距24mm，感光度ISO100

阴云密布的雨天里，虽然云层不够通透，但突如其来的一道闪电为画面增添了看点，渲染了与众不同的意境。 光圈f/11，快门速度6s，焦距9mm，感光度ISO50

第11章

人像摄影实拍技法

CHAPTER 11

从某种意义上说，人像摄影是比较难的一个题材，它不仅要求摄影师有一定的技术及美学知识，还需要拍摄时有模特的配合。要拍摄出自然的人像写真照片，两方面缺一不可。

光圈f/2.8，快门速度1/4000s，焦距80mm，感光度ISO100

11.1 不同光线下人像画面的特点

11.1.1 散射光下拍人像会让人物肤质细腻

在多云或阴天时，室外的光线为散射光，由光源被遮挡后透过云层的弱光与环境中的反射光构成，效果非常柔和，适合拍摄人像，可将人物的肤色、肤质等细节表现得非常细腻。只要环境亮度足够，拍出的照片不仅能将人物面部及衣物纹理等细节完整表现，还能有出众的色彩表现力。并不是说室外散射光线下的环境亮度完全均匀，毕竟潜在的太阳光源会使散射光具有一定的方向性，因此在拍摄人物之前，摄影师应该找到合适的拍摄位置。摄影师可以在一些地势比较开阔的环境中拍摄，拍摄之前让被摄人物转动身体，以观察光线的变化情况，找到合适的拍摄角度。

在散射光环境中拍摄人像，人物皮肤细腻、白皙。 光圈 f/1.8，快门速度 1/640s，焦距 85mm，感光度 ISO320

11.1.2 侧光利于营造特殊氛围

在侧光下，被摄人物面向光线的一面沐浴在强光之中，而背光的一面掩埋在黑暗之中，阴影深重而强烈。侧光一般适合用来表现人物性格鲜明的形象。此外，因为光线会在人物鼻梁位置形成受光面高亮而背光面阴暗的较大反差，所以如果要利用侧光拍摄甜美的人像，需要使用反光板对背光面进行补光。

侧光运用合理，会让画面的明暗对比非常强烈，营造出一种深沉、悠远的氛围。

侧光拍摄人像，如果不对人物面部的背光面补光，就容易营造出一种特殊的情绪和氛围。 光圈 f/4.5，快门速度 1/200s，焦距 85mm，感光度 ISO1000

11.1.3 两种经典的逆光人像

逆光是一种具有艺术魅力和较强表现力的光线，能使画面产生完全不同于我们肉眼所见的艺术效果。逆光人像通常包括两种典型情况，一种是利用逆光来表现被摄主体的明暗反差，可以形成轮廓鲜明、线条强劲的造型效果，俗称剪影。剪影一般是通过对背景中的高亮部分准确曝光，而人物部分因为曝光不足，只表现出形体的轮廓与线条，因而具有极强的视觉冲击力，同时也增强了环境的渲染力。另一种逆光人像中，人物部分曝光正常，主要是通过在逆光拍摄时配合使用闪光灯、反光板等辅助光源，使人物也正常曝光，从而增强逆光人像的艺术表现力。

逆光拍摄时容易在人物周边形成亮边，头发周围会产生发际光，非常漂亮。光圈f/2，快门速度1/640s，焦距85mm，感光度ISO100

不使用遮光罩拍摄逆光人像，产生的眩光会让画面有一种梦幻般的效果。光圈f/2.8，快门速度1/640s，焦距148mm，感光度ISO100

11.2 让人像好看的构图技巧

11.2.1 以眼睛为视觉中心，让画面生动起来

拍摄人像时，人物眼睛的表现非常重要。眼睛是心灵的窗户，是人像照片的神韵所在，因此在拍摄人像时，对眼部精确对焦非常重要。如果眼睛没有精确对焦，那么整张照片就会“软绵绵”的，失去关键点。单反相机在使用大光圈、浅景深拍摄时，对焦位置稍稍偏移就会造成眼睛失焦，特别是在放大拍摄的时候，失焦现象尤其明显，因此要特别注意是否对焦在眼睛上，甚至要考虑应该对眼睛的哪一个部分对焦。

只要能够看到人物眼睛，拍摄时就应该对眼睛对焦，这样画面才会更加生动传神。光圈 f/2.8，快门速度 1/640s，焦距 70mm，感光度 ISO100

室内拍摄时，还应该注意在人物眼前的方向设置较强的光源，这样人物眼睛中就会有眼神光，画面就会更加生动。光圈 f/2，快门速度 1/100s，焦距 50mm，感光度 ISO250

11.2.2 虚化背景突出人物形象

摄影界有这样一种说法：摄影是减法的艺术，即在构图时要进行元素的取舍；或进行某些元素的强调、某些元素的弱化。在拍摄人像时，利用大光圈、小物距或长焦距拍摄，可以虚化模糊掉繁杂的背景，但处于对焦平面的主体人物却非常清晰。这就是一种强调人物、弱化背景效果的减法构图，利用这种构图方式可以更加有效地突出人物主体。在拍摄现场，摄影师可以根据使用的器材、拍摄场景的条件、想要的背景模糊程度来决定焦距、物距、光圈的拍摄组合。

虚化背景可以有效突出主体人物。 光圈f/3.5，快门速度1/400s，焦距135mm，感光度ISO160

11.2.3 用简洁的背景突出人物形象

进行人像摄影时，人物是主体，是画面的表现中心，环境要起到衬托人物的作用，不应该分散观赏者的注意力。既然人物是人像摄影的中心和摄影的目的所在，一切摄影创作就都应围绕人物展开，只有最大化地突出人物，展示人物形象，才能更好地表达主题。突出人像形象的一个简单方法是寻找一个简洁的背景。可以想象，如果背景比较复杂、色彩比较绚丽，就会分散观赏者的注意力，弱化人物的形象。

摄影师在拍摄前应该确定好人物所处的位置和面朝的方向，这样在拍摄时仅对人物进行塑造即可。

色彩、明暗相差不大的背景可以视为简洁的背景，不会影响人物的表现。 光圈f/5.6，快门速度1/125s，焦距50mm，感光度ISO100

11.2.4 体块错位让画面富有张力

人像特写主要用于表现人物的头部、肩部以及胸部，那么拍摄时，这三部分的动作和线条就非常关键。一般我们要遵循头部与胸部（肩部）的体块错位、避免处在同一平面的规律，这样的人像特写才会有较强的表现力。

➔ 黄色代表面部，黑色代表胸部（肩部）。拍摄人像特写时，应该让这两部分产生一定的错位，画面就会富有张力

➔ 若人物的胸部朝向镜头、头部也朝向镜头，画面就缺少变化。所以，让人物身体侧一些，与人物面部平面形成一定的夹角，即错位，从而让画面富有张力。 光圈f/2，快门速度1/1250s，焦距85mm，感光度ISO100

11.2.5 利用人物手臂赋予画面变化

人像摄影中，人物的手臂是一个可以利用的元素。女生的手通常比较纤细，让人物摆出用手抓头发、托腮等姿态，可以为平淡的人像照片赋予更多变化，也能让照片更加富有生命力和感情色彩。

➔ 为避免画面单调，被摄人物用单手或双手抚弄头发是很好的姿态，这可以增加画面的变化。 光圈f/2，快门速度1/1250s，焦距85mm，感光度ISO100

手臂姿态的把握是人像摄影中的一个难点，构图时对手臂的截取要自然和恰到好处，否则手臂的存在会破坏画面的整体效果。

双手架在胸前，营造出一种特殊的情绪。光圈f/2，快门速度1/800s，焦距85mm，感光度ISO100

11.3 不同风格的人像画面

11.3.1 自然色人像

自然色包括砖色、土红色、墨绿色、青绿色、秋香色、橄榄绿色、黄绿色、灰绿色、土黄色、咖啡色、灰棕色、卡其色等非常多的色彩，使用这类色彩进行人像摄影，是一种主流的色彩设计方式。自然色搭配起来比较简单，可以随时根据主体人物的衣着进行调整，整体的自然环境也主要是这些色彩的组合。使用自然色创作的摄影作品具有亲和力，整体显得轻松、自然。

自然色人像摄影作品会给人一种轻松、自然，富有亲和力的感觉。光圈f/2.8，快门速度1/640s，焦距200mm，感光度ISO100

光圈f/1.8，快门速度1/640s，焦距85mm，感光度ISO320

11.3.2 高调人像

高调人像摄影作品主要由浅色调，尤其是白色和浅灰色构成，少量深色调的色彩只能作为点缀。这种摄影作品能够给人轻松、舒适、愉快的感觉，比较适用于表现女性角色，特别是少女或一些特定场合下的成年女性。在拍摄高调人像摄影作品时要注意控制光线的色温，不要让画面泛蓝而惨白。

高调人像摄影作品给人一种明快、轻松的视觉体验。光圈f/2.2，快门速度1/500s，焦距85mm，感光度ISO160

光圈f/2.2，快门速度1/320s，焦距85mm，感光度ISO400

11.3.3 低调人像

低调人像摄影作品与高调人像摄影作品的定义正好相反，是指以黑色为主的深色调来构筑画面的整体层次，黑色几乎占据画面的全部区域，而白色等浅色调仅仅作为点缀。低调人像摄影作品的画面具有强烈的影调对比，可以传递出神秘、深沉、危险或高贵等感觉。低调人像摄影作品有时具有很强的人物面部轮廓勾勒能力，能表现出非常具有艺术气息的画面。

低调人像摄影作品的画面能够传递出压抑或神秘的感觉。光圈f/16，快门速度1/125s，焦距18mm，感光度ISO200

第12章

视频类型、视听语言与视频制作团队

CHAPTER 12

本章将介绍当前比较流行的视频类型、视听语言的概念和视频制作团队的相关内容。当然，对于绝大多数初学者或非专业人士来说，对于视频制作团队方面的知识，大致了解即可。

12.1 大电影、微电影、短视频与VIog

12.1.1 大电影

传统意义上的电影，是指影院及电视台播放的时长较长的“大电影”。当今的 大电影的时长大多为90~120分钟。

1895年12月28日，在巴黎卡普辛路14号咖啡馆的地下室里，卢米埃尔兄弟首次在银幕上为观众放映了他们拍摄的影片，这一天也成为电影的诞生日。

传统电影画面

电影艺术包括科学技术、文学艺术和哲学思想等诸多内容，影响着全世界的人，成为人类历史上最为宏大辉煌的艺术门类之一。

12.1.2 微电影

现代大电影的成长过程中，一直有微电影(电影短片)的身影，但由于投入产出比等各种因素，微电影一直未能成为电影的主流形态，也不能主导电影商业市场。

从概念上来说，微电影（时长几分钟到几十分钟）是指能够通过互联网新媒体平台传播的影片，适合观赏者在移动状态和短时休闲状态下观看。一般来说，微电影具有完整的故事情节，制作成本相对较低，制作周期较短。

互联网的出现，真正开启了数字化时代，为全球的人们提供了互动交流的平台，打造了信息传播的自由空间。2000年以后，全球互联网的迅速普及，尤其是移动互联网的发展，让我们每个人可以随时、随地、随心地获取信息和交流互动。信息越来越碎片化，媒介越来越分散化，人人都是媒体，人人都在传播，这已逐渐成为一种新的生活方式。微电影在这个时期脱颖而出，其“微时间、微内容、微制作”的优势，正好符合移动互联网时代大众的生活需求。

微电影的内容融合了幽默搞怪、时尚潮流、公益教育等主题，可以单独成片，也可成为系列栏目。

12.1.3 短视频

短视频即短片视频，是一种互联网内容传播方式，一般是指在互联网新媒体上传播的时长在30分钟以内的视频。

不同于微电影，短视频具有生产流程简单、制作门槛低、参与性强等特点，又比直播更具传播价值。超短的制作周期和内容的趣味性，对短视频制作团队的文案写作能力及策划功底有着一定的要求。优秀的短视频制作团队通常依托于成熟运营的自媒体账号或IP，它们除了高频稳定地输出内容外，也有强大的粉丝群体。同时，短视频的出现丰富了新媒体广告形式。

从内容上来看，短视频具备一般长视频的绝大多数属性，包括技能分享、幽默搞怪、时尚潮流、社会热点、街头采访、公益教育、广告创意等主题。由于时长较短，短视频可以单独成片，也可以成为系列栏目。

风光类短视频

技能分享类短视频

从短视频的制作角度来看，团队配置可以无限简化，短视频制作可以没有专业化的团队和分工，将导演、制片人、摄影师等角色集合到一个人身上。制作团队不仅可以简化，还可以做到零准入门槛，每个人都可以制作短视频。

12.1.4 Vlog

Vlog是Video Blog的简写形式，又称视频博客、视频网络日志，是以视频取代文字和简单图片的博客内容。

在Vlog中，博主需要以旁述、讲解的方式向大家介绍内容，或是与观者分享生活、旅行或工作中的细节。Vlog类似于个人日记。

Vlog

12.2 视听语言

简单来说，视听语言就是利用视听组合的方式向受众传达某种信息的一种感性语言。

视听语言主要分为3个部分：影像、声音、剪辑。三者之间的关系也很明确：创作者对影像、声音进行剪辑，从而得到一部完整的视频作品。

视听语言被称为20世纪以来的主导性语言，是构成视频作品的重要元素，是以影像和声音为载体来传达人的意图和思想的语言形式，是用画面和声音来进行表意和叙事的语言形式，包括景别、镜头与运动、拍摄角度、光线、色彩和声音等内容。

从大的方面来看，视听语言可以直接划分为视觉元素(视元素)和听觉元素(听元素)。

视觉元素主要由画面的景别、色彩、明暗影调和线条空间等形象元素构成，听觉元素主要由画外音、环境音响、主题音乐等音响效果构成。两者只有高度协调、有机配合，才能展示出真实、自然的时空结构，才能打造立体、完整的感官效果，才能使创作者真正创作出好的作品。

从下面的短视频当中可以看到影像的变化，而在截图右下角可以看到音频的对应标识。

短视频截图1　短视频截图2　短视频截图3

12.3 视频制作团队

大电影、微电影以及部分短视频都是团队工作的成果，需要不同部门和工种的人员的配合才能制作完成或才能有更好的表达效果；而Vlog及另外一些短视频则可能没有过多人员的参与，可能是拍摄、剪辑均由创作者一人完成。

这里我们根据专业大电影或微电影的制作团队分工，介绍一下视频制作团队中的岗位及其职责。当然，除下文所列之外，还有场务、后勤等岗位，这里不再赘述。

（1）监制：监控并维护剧本的原貌和风格。

摄影师工作照

专业剪辑师的工作台

（2）制片人：搭建并管理整个视频制作团队。

（3）编剧：完成剧本的撰写，协助导演完成分镜头剧本。

（4）导演：负责作品的人物构思，决定演员人选，指导演员表演等。

（5）副导演：协助导演处理事务 。

（6）演员或者主持人：根据导演及剧本的要求，完成表演。

（7）摄影师：根据导演的要求完成现场拍摄。

（8）灯光师：按照导演和摄影师的要求布置现场灯光效果。

（9）场务：负责现场记录和维护片场秩序，提供物品和后勤服务等。

（10）录音师：根据导演的要求完成现场录音。

（11）美术布景师：负责布置剧本和导演要求的道具、场景。

（12）化妆师、造型师：按照导演的要求给演员化妆造型。

（13）作曲师：为影片编配合适的配乐和歌曲。

（14）剪辑师：根据导演和摄影师的要求，对影片进行剪辑组合并完成片头片尾等的制作。

上述岗位中，最重要的是导演——一部视频作品的灵魂人物。虽然有明确分工，但所有人都以导演为中心紧密配合，共同完成创作。

CHAPTER 13

第13章

视频制作需要的硬件与软件

摄影师在设想怎么拍之前，一定要对手中的器材有一个充分的了解，那么拍摄都要用到哪些器材？它们都是用来做什么的？会对画面产生怎样的作用？本章笔者将带大家了解拍摄视频所需要的硬件及后期进行视频处理所需的软件。

本章以SONY α7S Ⅲ为例进行讲解。

13.1 工欲善其事，必先利其器

13.1.1 摄影机、微单相机和运动相机

摄影机品牌众多，就影片拍摄而言，俗称肩扛式摄影机的使用最为广泛，因为其所拍摄的画面的分辨率、解析力、色彩，都能达到一流水平，其输出的RAW格式影片也为后期处理提供了便利，因此，其是影片拍摄的首选。专业摄影机对于拍摄4K、60帧/秒的视频根本无压力，但是其价格较高。摄影机用的镜头俗称电影头，一般兼容PL格式的卡口，但是其价格是普通单反镜头的数十倍甚至上百倍，因此，专业摄影机对于预算充裕、对影片画面有更高要求的人士来说是较佳选择。

RED摄影机

自SONY α 系列相机问世以来，微单相机的拍摄质量得到了大幅提升，而且它体积小、便于携带、价格亲民，许多小型团队甚至某些专业团队都用微单相机进行视频拍摄。全画幅摄影器材步入大众视野，降低了视频拍摄的设备门槛，越来越多的人开始步入视频领域，其中，微单相机的普及无疑立下了汗马功劳。对于微电影剧组、小型拍摄团队，微单相机将是拍摄的不二之选。

索尼微单相机

近年来，Go Pro这类运动相机异常火爆，被广泛运用于航拍、真人秀等领域。尤其是影片《硬核大战》似乎将Go Pro对于影视拍摄的作用放大了，它全程采用第一视角，这种拍法在电影界中极不常见。未来将出现哪些形式的电影，我们可能无法预料，但我们可以预见，Go Pro这类运动相机在电影拍摄中的作用将越来越大。

GO Pro

13.1.2 三脚架

这里需要注意的是，拍视频所用的三脚架要选购带短摇臂的，因为视频拍摄过程中相机会运动，选购拍照片的脚架会给日后的视频拍摄带来非常大的不便。三脚架主要用于拍摄静态镜头，但是由于某些角度不便于架设三脚架，例如在桌子上等特殊位置，而且要拍摄被摄主体的神态和动作，因此就有了可以随意转动扭曲的小型八爪鱼三脚架。短摇臂三脚架和小型八爪鱼三脚架是日常拍摄中使用较广泛的类型，能满足绝大多数静态场景的拍摄需求。

短摇臂三脚架

小型八爪鱼三脚架

13.1.3 滑轨

滑轨在拍摄中尤为重要，因为镜头长时间固定不动是视频拍摄的大忌，呆板的镜头会让人感到昏昏欲睡。要让镜头动起来，同时又要保持稳定，这时就需要使用滑轨。

高级版滑轨可电动控制，并且可以匀速滑动，避免人为造成的画面抖动。另一种是手动滑轨，没有电动的稳定，但是对于低成本的小制作来说，也能起到很不错的作用。在某些特殊场景中，如表面平整的桌面，大型滑轨铺设困难，使用滑轮车会更加方便快捷。

电动滑轨

滑轮车

13.1.4 斯坦尼康

当前，摄影师开始越来越多地使用斯坦尼康来拍摄长镜头和运动镜头，以保证更好的视觉效果和叙事节奏。比如拍摄一些影片时，摄影师会用载人摇臂结合斯坦尼康来共同完成一个长镜头的开篇。在一些打斗、战争场面，以及越来越多的普通场景中，也会用斯坦尼康来拍摄。

有一点我们一定要清楚，斯坦尼康并不是代替滑轨和摇臂的新生产物，而是另一种视角和观点的呈现方式，是一种营造空间感的工具。用它复制滑轨的画面效果是不实际的，我们要好好地利用它营造另一种感觉，简单地说，就是要掌握和理解斯坦尼康特有的语言。其次，斯坦尼康是人机高度结合的设备，摄影师在使用时需要对走路姿势、腰肩的角度、手臂的随和程度、手指的分配、机器三轴向的配平等若干方面进行训练和调校。

斯坦尼康

13.1.5 摇臂

我们平时常见的摄像、摄影辅助器材是三脚架，它的功能是固定摄影机、调节水平，以及方便摄影师推拉摇移等。摇臂在三脚架的功能的基础上增加了升降功能，且摇镜头更加“夸张”，借此可以拍摄出宏伟、大气的场面。

摇臂可以一人操控，也可两人配合操作。很多摄影师都习惯一人操控，但究竟是一人操控好还是两人配合操控好，要根据具体情况而定。一人操控时，摄影师既要控制摇臂臂杆的运动，又要控制摄像机镜头的朝向。如果是拍摄大场面，再用上广角镜头，运动速度比较慢，一人操控则是可行的。但是，如果对运动画面的拍摄有更进一步的要求，如臂杆运动速度加快、起幅落幅时加速度提高、画面需要精确定位、并使用变焦镜头往上推，这时一个人就力不从心了，必须两人配合操控才能完成拍摄。但两人配合操控存在配合是否默契的问题。因此，在节目开始之前，两人需要共同与导演策划，商定摇臂的运动轨迹，做到心中有数。再经过一段时间的共同演练，方能做到配合默契。

摇臂

13.1.6 摄影灯光器材

电影是一门光影的艺术，因此很多时候为获得最佳的拍摄效果，一套优秀的摄影灯光器材必不可少。依照现场布光，摄影师通过不同的拍摄技法，可以展现绝美的影片效果。

人工布光拍摄

13.2 常用视频后期软件介绍

13.2.1 Adobe Premiere Pro

Adobe Premiere Pro简称RP，是大多数视频编辑爱好者和专业人士都接触过的剪辑软件。它可以提升剪辑师的创作能力和创作自由度，是易学、高效、精确的视频剪辑软件。PR提供了采集、剪辑、调色、美化音频、字幕添加、输出、DVD刻录等一系列功能，并与其他Adobe软件高效集成，足以帮助我们完成在编辑、制作、工作流上的所有任务，能满足创作高质量作品的要求。

PR的优点在于兼容性极高，可以在mac OS和Windows两个操作系统下运行，支持多种视频格式。目前这款软件广泛应用于广告制作和电视节目制作。

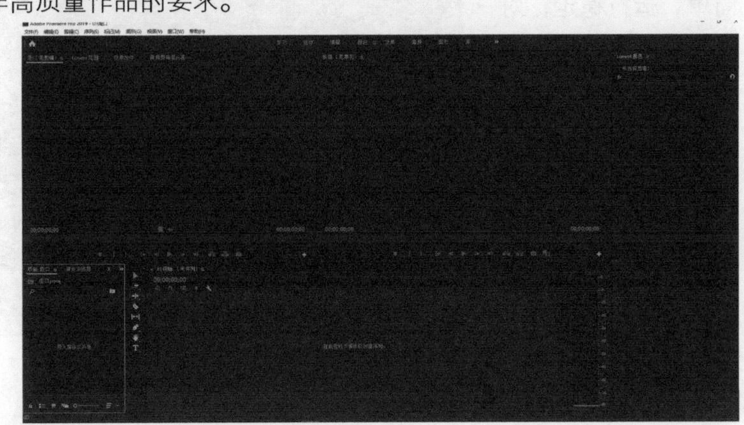

Adobe Premiere Pro操作界面

13.2.2 Adobe After Effects

Adobe After Effects，简称AE，是Adobe公司开发的一种视频剪辑及设计软件，是制作动态影像不可或缺的辅助工具，是视频后期合成处理的专业非线性编辑软件。AE应用范围广泛，如电影、广告、网页等的制作。时下流行的一些电影及短片，都是使用它进行合成制作的。

AE最大的特点是保留了Adobe优秀的软件间相互兼容的“血统”。它可以非常方便地调入Photoshop、Illustrator的层文件，PR的项目文件也可以近乎完美地再现于AE中。

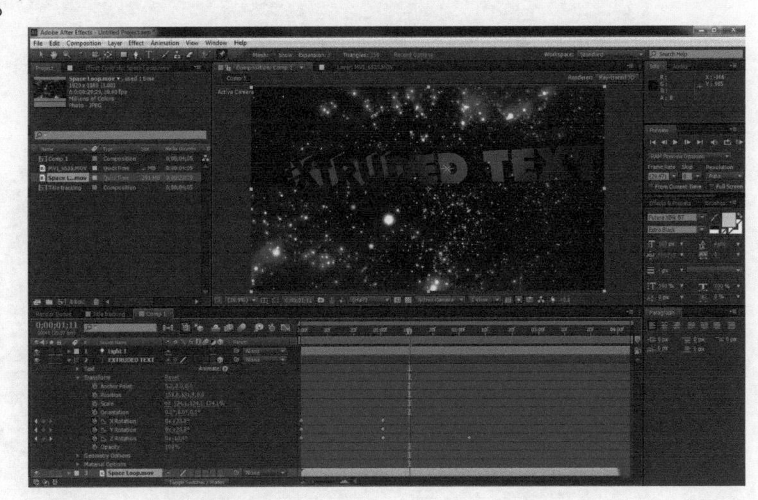

Adobe After Effects操作界面

13.2.3 Final Cut Pro

Final Cut Pro 是苹果公司开发的一款专业非线性编辑软件，提供了进行后期制作所需的一切功能。导入并组织媒体、编辑、添加效果、改善音效、颜色分级以及交付等所有操作都可以在该软件中完成。

该软件在国外十分受欢迎，效率极高，界面友好，上手简单，运行稳定，对新手和老手的包容度都很高，并且拥有数量庞大的扩展插件的支持。但它仅能在mac OS系统中运行，如果你拥有一台苹果计算机，那么建议你使用这款软件。

Final Cut Pro操作界面

13.2.4 Vegas

Vegas是索尼公司开发的一款剪辑软件，是最佳的入门级视频编辑软件之一。Vegas 为一款整合影像编辑与声音编辑的软件，其无限制的视轨与音轨是其他视频编辑软件所没有的。Vegas提供了视讯合成、进阶编码、转场特效、修剪以及动画控制等功能。不论是专业人士还是个人用户，都能轻松上手。此软件可以说是数位影像、串流视讯、多媒体简报、广播等用户的数位编辑解决方案，但它仅支持Windows系统。

Vegas操作界面

13.2.5 DaVinci Resolve

DaVinci Resolve的调色系统自1984年以来就一直被誉为后期制作的标准。使用DaVinci Resolve的调色师遍布世界，他们喜爱它并把它当作自己创作过程中一个值得信任的伙伴。在众多电影、广告、电视剧和音乐电视节目的制作中都能看到DaVinci Resolve的身影，而且它是其他调色软件无法比拟的。

DaVinci Resolve的处理能力是革命性的，并因对电视行业做出了卓越贡献而荣获艾美奖。DaVinci Resolve对所有图像的处理都具备32位浮点运算的精确性，因此即使把当前层调至接近全黑，仍可在下一层调回，并且无画质损失；所有特效、Power Windows、跟踪、一级/二级校色都以最高位深进行，实时处理时也是如此。

对于平滑伽马/线性/对数图像，DaVinci Resolve都能轻松进行高质量的处理。即使调整镜头尺寸，重新定位或推拉镜头，它也能以全RGB光学质量实时处理。并且它支持在同一时间线上对混合格式/混合像素/混合分辨率的素材进行摇移、倾斜、推拉以及旋转操作。只有DaVinci Resolve是通过YRGB处理来独立调节亮度的，后期人员通过简单调整就可实现高光的轻微过曝或降低饱和度等。

DaVinci Resolve操作界面

13.2.6 Adobe SpeedGrade

Adobe SpeedGrade 是Adobe公司出品的专业调色软件，是一个提供图层色彩校正及视觉设计工具的调色应用程序，可确保数字视频项目看起来一致且令人注目。与Direct Link 和 PR 配合，Adobe SpeedGrade可用于整合编辑与颜色分层工作流程、Adobe SpeedGrade 适合想让作品大放异彩的剪辑师、调色师及视觉效果艺术家使用。

Adobe SpeedGrade操作界面

13.2.7 Autodesk Lustre

Autodesk Lustre（调色配光和色彩管理软件）是用于交互式电影、高清配光以及效果创造的杰出的高性能解决方案。Autodesk Lustre 通过了制作实践的检验，广泛应用于全球数百部电影、广告、音乐视频和电视节目的制作。它为今天以数据为中心的工作流程提供高质量的实时调色配光功能。Autodesk Lustre 集最佳的性能和创作工具以及先进的可配置性于一身，能够满足苛刻的视频制作工作流程的需要。

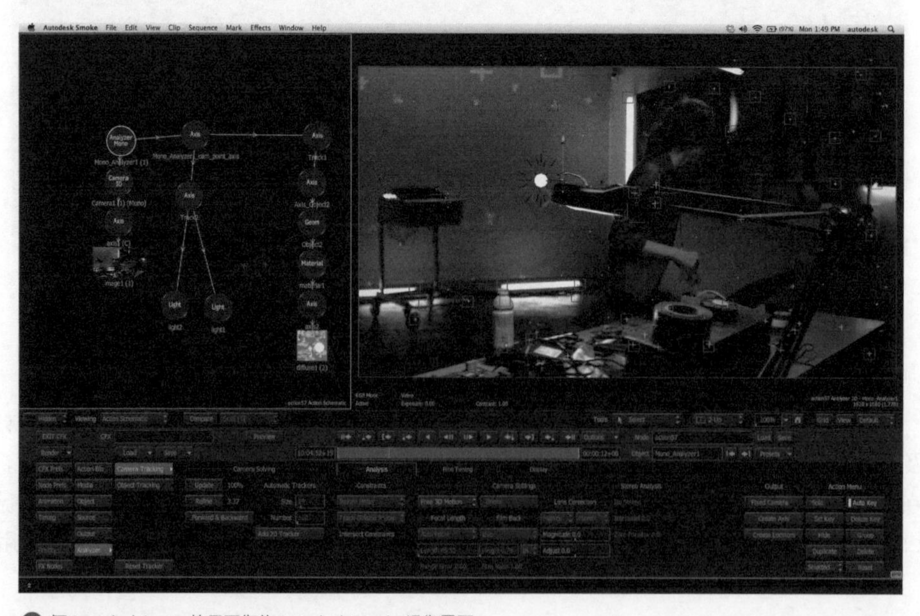

与Autodesk Lustre协同工作的Autodesk Smoke操作界面

13.3 视频后期对计算机的要求

关于视频制作，我们不仅要学会拍摄，还需要学会视频剪辑。视频剪辑软件基本上以PR、AE为主，AE和PR这两款软件互相补充。AE多用于添加特效、制作3D效果、渲染，PR用于视频的剪辑、简单特效的添加。用AE、PR剪辑视频需要什么样的计算机硬件配置？下面对视频后期所要求的计算机硬件配置进行讲解。

13.3.1 视频后期对CPU的要求

英特尔酷睿i9 CPU

首先视频周期对CPU的高功耗要求毋庸置疑，特别是在视频编码和输出时，对CPU的占用是极大的。CPU的性能取决于核心数和主频，核心数主要负责进行多任务处理，如果需要同时运行多个软件，核心数就显得尤为重要，但是若只运行剪辑软件，过多的核心数基本起不到更大的作用。CPU的主频对视频的编码和输出起决定性作用，那么针对视频剪辑，多少的核心数和主频合适？笔者比较推荐使用英特尔七代或八代的6核处理器，主频3.0GH_2以上。

如果你的预算足够高，建议购买主频更高的CPU。

13.3.2 视频后期对内存的要求

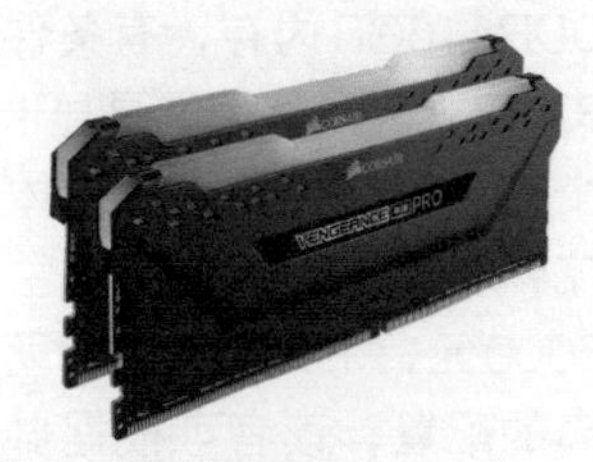
带有RGB灯效的内存条

内存是计算机中至关重要的部件，主要用于暂时存放CPU运算所产生的海量数据。如果没有足够的内存空间，再好的CPU也无法发挥其强大的性能，所以内存要足够大。PR和AE这两款后期处理软件都很占内存，尤其是导入文件或者预览的时候，都会有较严重的内存占用情况，所以建议内存16GB起，32GB甚至64GB都是有必要的。

13.3.3 视频后期对硬盘的要求

金士顿512GB固态硬盘

视频剪辑过程中，所有的视频素材都是从硬盘直接导入剪辑软件当中的，如果硬盘读取速度不够快或是有损坏，剪辑软件就会卡顿或直接崩溃。所以，选择一款读取速度快、稳定性好的硬盘尤为重要。笔者推荐用固态硬盘存储操作系统和剪辑软件，用高转速的机械硬盘存储素材，这样基本能保证软件运行时的稳定性。由于视频剪辑更看重硬盘的读写性能，为了不产生卡顿，应尽量都使用固态硬盘。一般而言，SATA 固态硬盘可以满足基本需要，但建议选择使用NVMe协议的固态硬盘。256GB或512GB的容量已经足够，操作系统和剪辑软件都建议安装在固态硬盘中。

13.3.4 视频后期对显卡的要求

视频剪辑到底“吃”不“吃”显卡？多少价位的显卡合适？这饱受争议。其实显卡最开始的作用只是用于将计算机中的数字信号转换成模拟信号，输出给显示器，让显示器显示图像；但现在的显卡通常都有着很强的图像处理能力，可协助CPU工作，提高计算机的整体运行速度。对于视频剪辑来说，显卡不能没有，但是也没有必要过分追求，一块中端的图形显卡就足够了，对于AE、PR等后期软件来说，我们的性能更需要注重CPU和内存。

英伟达GTX 1060显卡

13.3.5 视频后期对显示器的要求

目前主流的用于设计的显示器，都要求达到100% sRGB色域范围，这样才能保证色彩显示的表现力和还原能力。

戴尔显示器

13.3.6 视频后期配置建议

最后我们总结下，关于视频剪辑，CPU起最主要的作用，而CPU的主频决定了输出的功率，推荐使用主频高一些的型号，其次就是内存最好选择DDR416GB内存，有条件的可以使用32GB内存。然后就是显卡和硬盘，看个人预算择优配置。总体来说，要想流畅剪辑视频，计算机主机至少要花6000元，下面笔者推荐两套性价比很高的配置，读者可根据自身的预算进行选择。

高端视频后期工作台

13.4 理解视频拍摄参数的含义

13.4.1 理解视频分辨率与文件格式并合理设置

分辨率，常被称为图像的尺寸，指一帧图像包含的像素的多少，直接影响着图像文件大小。分辨率越高，图像文件越大；分辨率越低，图像文件越小。

常见的分辨率如下。

4K：4096像素×2160像素/超高清

2K：2048像素×1080像素/超高清

1080P：1920像素×1080像素/全高清（1080i是经过压缩的）

720P：1280像素×720像素/高清

通常情况下，4K和2K用于计算机剪辑，而1080P和720P用于手机剪辑。1080P和720P的使用频率较高，因为它们所占内存小一些，用手机剪辑起来会更加轻松。

索尼每一代微单相机都会对视频功能进行升级，以SONY α 7S Ⅲ为例，它可以拍摄最高分辨率为4K的视频，并搭载SLog2、SLog3曲线，这对后期的视频调色、曝光调整、对比度调整等都带来了极大的便利，能使视频更具有创意和个性。

不过需要注意的是，虽然相机支持高分辨率的视频拍摄，但播放高分辨率的视频也需要有相对应的设备。举个例子，如果拍摄4K分辨率的视频，那么必须要有4K分辨率的显示器进行匹配，否则画质将会有很大程度的压缩。因此在拍摄前要确定好输出的视频分辨率上限，然后进行相关设置，从而避免文件过大对存储和后期带来负担。

4K分辨率的视频画面清晰度较高

720P分辨率的视频画面清晰度不太理想

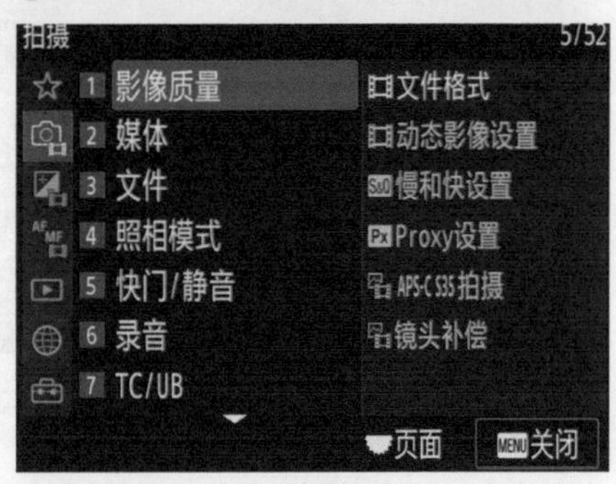

在拍摄菜单栏中点击第2个图标，然后点击“影像质量”选项

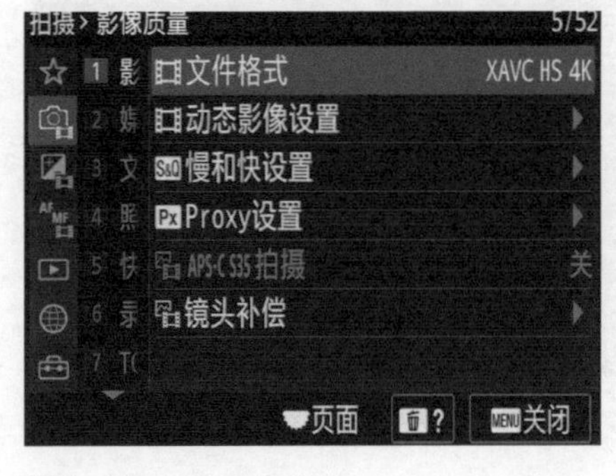

点击“文件格式”选项

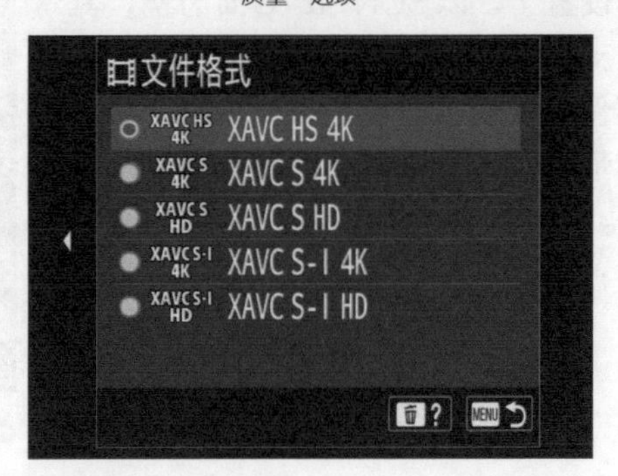

选择需要录制的视频格式

下面对各个视频格式进行简单介绍。

① XAVC HS 4K：以XAVC HS格式拍摄4K动态影像；XAVC HS格式使用压缩效率高的HEVC编解码器，与XAVC HS格式相比，能够以相同的数据容量记录更高影像质量的动态影像；视频的压缩采用Long GOP压缩方式。

② XAVC S 4K：能够以4K分辨率记录，视频的压缩采用Long GOP压缩方式。

③ XAVC S HD：能够以1080P分辨率记录，视频的压缩采用Long GOP压缩方式。

④ XAVC S-I 4K：拍摄XAVC S-I格式的动态影像；XAVC S-I格式采用Intra压缩方式压缩视频，与Long GOP压缩方式相比更适于编辑。

⑤ XAVC S-I HD：拍摄使用XAVC S-I格式的动态影像；XAVC S-I格式采用Intra压缩方式压缩视频，与Long GOP压缩相比更适于编辑。

13.4.2 理解视频帧率并合理设置

视频图像的传播基础是人眼的视觉残留特性。每秒连续显示24幅以上的不同静止画面时，人眼就会感觉图像是连续运动的，而不会把它们看作一幅幅静止画面。这里，一幅静态画面称为一帧，因此从再现活动图像的角度来说，图像的帧率必须达到24帧/秒以上。

24帧/秒只是能够流畅显示视频的最低帧率，实际上，帧率要达到50帧/秒以上才能消除视频画面的闪烁感，并且此时视频显示的效果会非常流畅、细腻。所以，当前我们看到很多摄像设备支持拍摄60帧/秒、120帧/秒等超高帧率的视频。

24帧/秒的视频画面截图，可以看到并不是特别清晰

60帧/秒的视频画面截图，可以看到截图更清晰

选择的录制视频的文件格式后就可以对帧率进行设置了，以SONY α 7S Ⅲ为例，其最高可以支持120帧/秒的高帧率视频录制。高帧率不仅可以使画面看起来更流畅，更为后期处理带来了许多可能，比如可以进行视频慢放等。

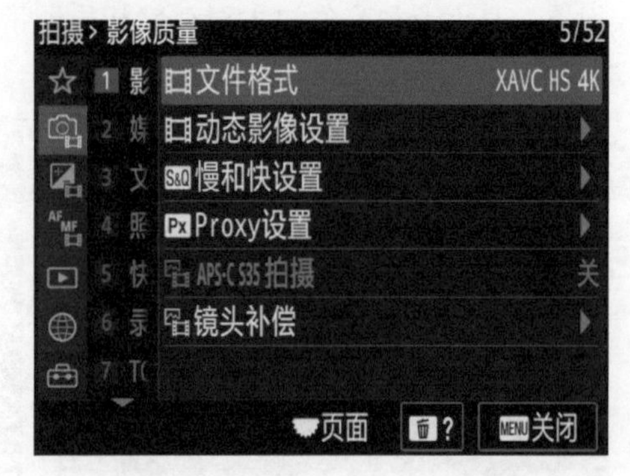

在设置完视频文件格式后，点击“动态影像设置”选项

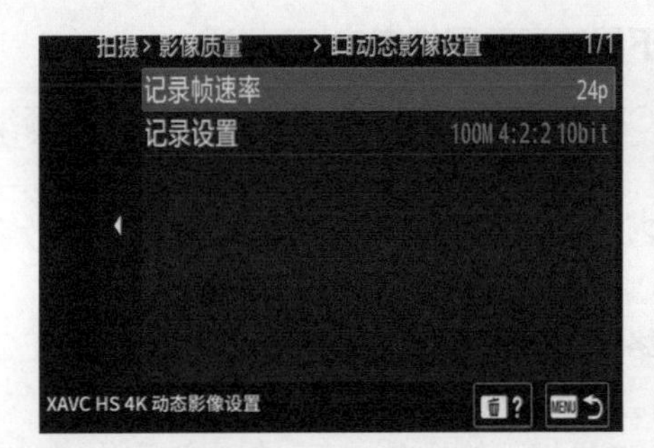

点击“记录帧速率”选项

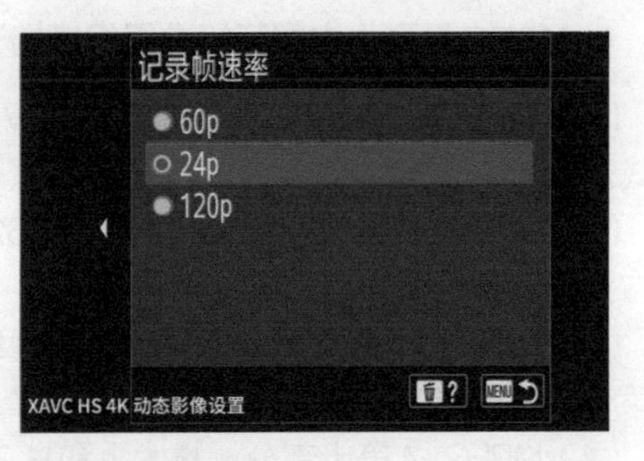

选择需要的视频帧率

13.4.3 理解码率

码率，也叫取样率，指每秒传送的数据位数，常见单位为KB/s（千位/秒）和MB/s（兆位/秒）, 码率越大，单位时间内的取样率越大，数据流的精度就越高，视频画面就越清晰，画面质量也越高。码率影响视频的大小，帧速率影响视频的流畅度，分辨率影响视频的大小和清晰度。

以SONY α 7S Ⅲ为例，用户可以通过相机内的“记录设置”菜单设置码率，其最高可以支持100MB/s码率的视频拍摄。值得注意的是，如果要录制高码率视频，需要使用UHS Class 3 / V30的SD卡，否则无法正常写入。以SONY α 7S Ⅲ为例，在4K分辨率下录制一段帧率为25帧/秒、码率为100MB/s格式、时长为8分钟的视频，需要占用8GB存储空间，这是很庞大的数据量，所以我们在设置码率时一定要仔细斟酌。

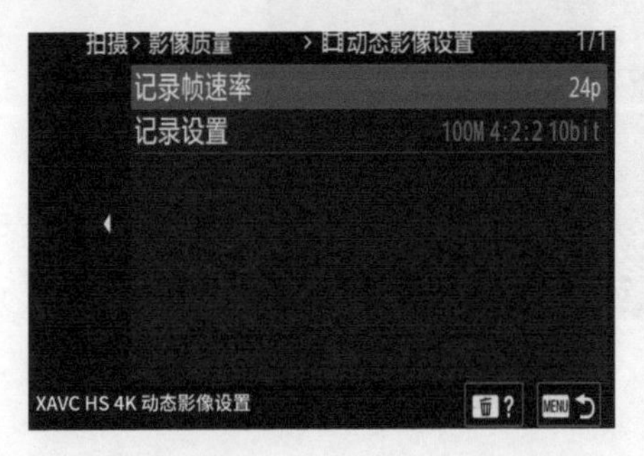

在设置完视频帧速率后，点击“记录设置”选项

设置视频码率

13.4.4 理解视频编码

视频编码是指对视频进行压缩或解压缩，或者对视频格式进行转换。

压缩视频必然会导致数据的损失，如何能在最小数据损失的前提下尽量压缩视频，是视频编码的第一个研究方向；第二个研究方向是通过特定的编码方式，将一种视频格式转换为另外一种视频格式，如将AVI格式转换为MP4格式等。

视频编码格式主要有两个系列，一是MPEG系列，二是H.26X系列。

1. MPEG系列（由国际标准组织机构下属的运动图像专家组开发）

（1）MPEG-1第二部分，主要用于VCD中，有些在线视频也使用这种视频编码格式。

（2）MPEG-2第二部分，等同于H.262，主要应用于DVD、SVCD和大多数数字视频广播系统和有线分布系统中。

（3）MPEG-4第二部分，可以用于网络传输、广播和媒体存储，相比于MPEG-2和第一版的H.263，它的压缩性能有所提高。

（4）MPEG-4第十部分，技术上和H.264是相同的标准，有时候也被称作“AVC”。在运动图像专家组与国际电传视讯联盟合作后，诞生了H.264/AVC标准。

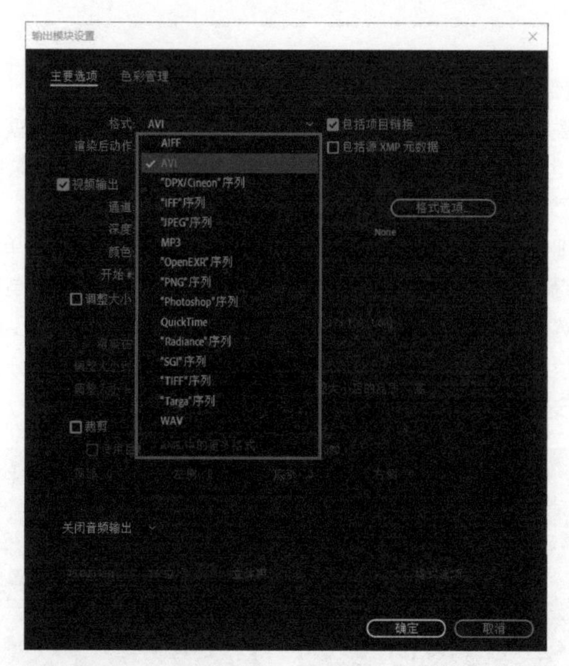

视频编码格式设定界面

2. H.26X系列（由国际电传视讯联盟主导）

H.26X系列包括H.261、H.262、H.263、H.264、H.265等。

（1）H.261，主要在过去的视频会议和视频电话产品中使用。

（2）H.263，主要用在视频会议、视频电话和网络视频中。

（3）H.264，是一种视频压缩标准，也是一种被广泛使用的高精度的视频录制、压缩和发布格式。

（4）H.265，是一种视频压缩标准。这种视频编码格式可以提升图像质量，其压缩率可达到H.264的两倍，支持的最高分辨率可达到8192像素 ×4320像素8K。

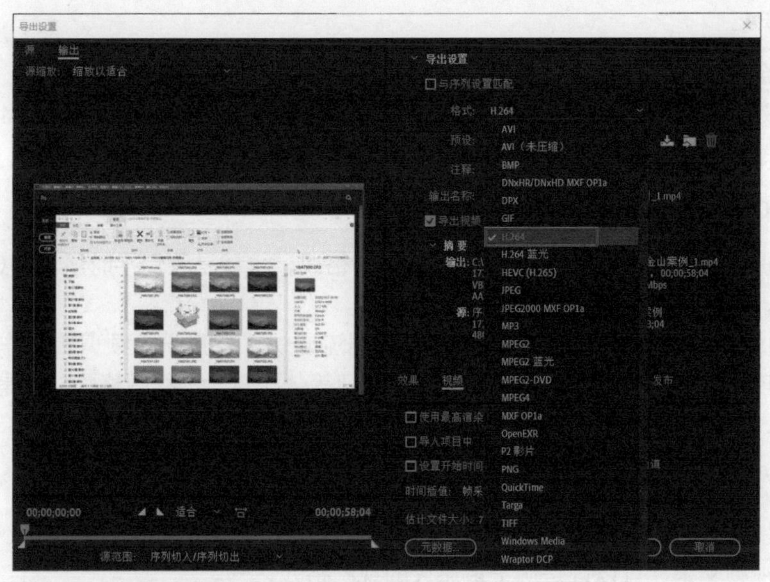

设定H.264视频编码格式

下面以SONY α 7S Ⅲ为例，讲解“记录设置”中各参数的含义。

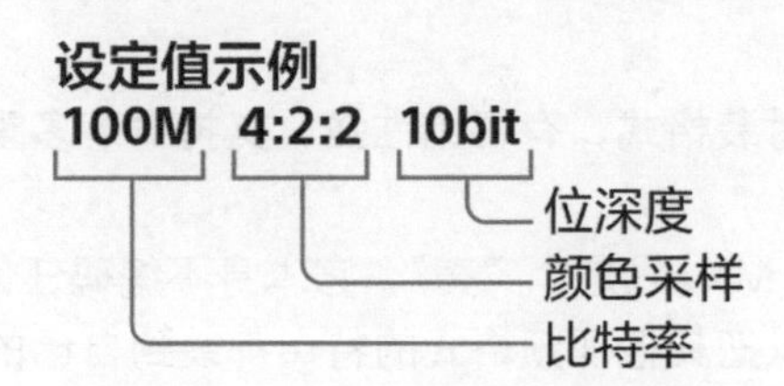

（1）比特率越高，就能够以越高的画质进行拍摄。

（2）颜色采样（4:2:2、4:2:0）是颜色信息的记录比率。该比率越均匀，色彩再现性会越好，在使用绿色背景等进行合成时，也能完整地去除颜色。

（3）位深度代表亮度信息的层次。8 bit具有256个灰度级，10 bit具有1024个灰级。其中的数字越大，越能平滑表现从明亮部分到黑暗部分的渐变效果。

（4）4:2:2 10bit是以计算机进行编辑为前提的记录设置，基于此设置拍摄的视频的播放环境有限。

13.4.5 理解视频格式

视频格式是指视频文件的保存格式，用于把视频和音频放在一个文件中，以同时播放。常见的视频格式有MP4、MOV、AVI、MKV、WMV、FLV/F4V、REAL VIDEO、ASF、蓝光等。

这些不同的视频格式中，有些适合网络播放及传输，有些适合在本地设备当中以某些特定的播放器进行播放。

1. MP4

MP4全称MPEG-4，是一种多媒体档案存储格式，扩展名为.mp4。

MP4是一种非常流行的视频格式，许多电影、电视的视频格式都是MP4。MP4的特点是压缩效率高，能够以较小的体积呈现出较高的画质。

2. MOV

MOV是由苹果公司开发的一种音频、视频格式，也就是我们平时所说的QuickTime影片格式，常用于存储音频和视频等数字媒体。

它的优点是视频画质出色，不压缩，数据流通快，适用于视频剪辑制作；缺点是文件体积较大。在网络上一般不使用MOV及AVI等体积较大的视频格式，而是一般使用体积更小、传输速度更快的MP4等视频格式。

3. AVI

AVI是由微软公司在1992年发布的视频格式，是Audio Video Interleaved的缩写，意为音频视频交错，可以说是历史最悠久的视频格式之一。

AVI文件调用方便、图像质量高，但体积往往比较大。此外，AVI的兼容性有时不强，在有些播放器上无法正常播放视频。

4. MKV

MKV是一种多媒体封装格式，有容错性强、支持封装多重字幕、可变帧速率、兼容性强等特点。

从某种意义上来说，MKV只是个“壳”，它本身不编码任何视频、音频等，但它足够标准、足够开放，可以把其他视频格式的特点都装到自己的“壳”里，所以它本身没有画质、音质等方面的优势可言。

5. WMV

WMV是Windows Media Video的缩写，是一种数字视频压缩格式，由微软公司开发，主要特征是支持本地和网络同时播放、支持多语言、扩展性强等。

WMV最大的优势是在同等视频质量下，该视频格式的文件可以边下载边播放，因此很适合在网络上播放和传输。

6. FLV/F4V

FLV是FLASH VIDEO的简称，其实就是曾经非常火的flash文件格式，它的优点是文件体积非常小，所以特别适合在网络上播放及传输。

F4V是继FLV之后，Adobe公司推出的支持H.264编码的流媒体格式，F4V格式的视频画面比FLV更加清晰。

7. REAL VIDEO

REAL VIDEO是由RealNetworks公司所开发的一种高压缩比的视频格式，扩展名有RA、RM、RAM、RMVB。

REAL VIDEO格式主要用于在低速率的广域网上实时传输视频影像，它可以根据网络数据传输速率的不同而采用不同的压缩比，从而实现影像数据的实时传送和视频的实时播放。

8. ASF

ASF是Advanced Streaming Format的缩写，意为高级流格式，是微软公司为了与RealNetworks公司的REAL VIDEO格式竞争而推出的一种可以直接在网上观看的视频文件压缩格式。ASF使用了MPEG-4 的压缩算法，压缩率和图像的品质都较高。

13.4.6 理解视频流

我们经常会听到“H.264码流”“解码流，“原始流”“YUV流”“编码流”“压缩流”“未压缩流”等叫法，实际上都是对视频是否经过压缩的一种区别和称呼。

视频流大致可以分为两种，即经过压缩的视频流和未经压缩的视频流。

1. 经过压缩的视频流

经过压缩的视频流也称为编码流，目前以H.264为主，因此也称H.264码流。

2. 未经压缩的视频流

未经压缩的视频流也就是解码后的流数据，称为原始流，也常常称为YUV流。

从H.264码流到YUV流的过程称为解码，反之称为编码。

第14章

认识景别

由于摄像器材与被摄体的距离不同，或镜头焦距的不同，造成被摄体在视频画面中所呈现出的大小的区别，即为景别。在摄影时，我们可以利用复杂多变的场面和镜头调度，交替使用各种不同的景别，从而增强画面的艺术感染力。

14.1 远景：交代环境信息，渲染氛围

远景，一般用来表现远离摄影机的环境全貌，展示人物及其周围广阔的空间环境，以及自然景色和群众活动等大场面的镜头画面。它相当于我们从较远的距离观看景物和人物，这时我们的视野宽广，能容纳广阔的空间。远景中的人物较小，背景占主要地位，画面给人以整体感，细部不甚清晰。

事实上，从构图的角度来说，我们也可以认为远景适用于一般的摄影领域。在摄影作品当中，远景通常用于介绍环境，抒发情感。

这张照片利用远景传达出了环境信息，天气、时间等信息也交代得非常完整。但在远景画面中，细节的表现不是很理想。 光圈f/2.8，快门速度1/230s，焦距4mm，感光度ISO100

14.2 全景：交代主体全貌

全景，是指表现人物全身的景别，可以以较大视角呈现人物的体型、动作、衣着打扮等信息。虽然全景对表情、动作等细节的表现力可能稍有欠缺，但胜在全面，能以一个画面将各种信息交代得比较清楚。

⬅ 这张照片以全景呈现人物，将人物身材、衣着打扮、动作表情等都交代了出来，信息是比较完整的，给人的感觉比较好。 光圈f/1.8，快门速度1/800s，焦距35mm，感光度ISO100

⬆ 所谓全景，在摄影中可以引申为一种超大视角的、接近远景的画面效果。要得到这种全景画面，前期要使用相机对着整个场景局部持续地拍摄大量的素材，后期再将这些素材拼接起来。 光圈f/2.8，快门速度25s，焦距16mm，感光度ISO5000

14.3 中景：强调主体的动作表情

摄取人物膝盖以上部分的电影画面即中景。中景不但可以加强画面的纵深感，表现出一定的环境、气氛，而且通过镜头的组接，还能把某一冲突的经过叙述得有条不紊，因此常用于叙述剧情。

与远景、全景相比，中景就比较好理解了，指取景时主要表现人物膝盖以上部分的画面，包括我们所说的七分身、五分身等画面，都可以称为中景。表现中景有一个问题要注意，取景时不能切割到人物的关节处，比如说不能切割到人物的胯部、膝盖、肘部、脚踝等部位，否则画面会给人一种残缺感。 光圈f/2，快门速度1/320s，焦距50mm，感光度ISO100

14.4 近景：兼顾环境与细节

一般把画面卡在人物胸部的景别称为近景，近景能放大人物表情、神态。在拍摄这类镜头时，应尽量避免背景太过复杂，确保画面简洁，一般多用长焦镜头或者大光圈镜头拍摄，并利用浅景深把背景虚化，使得被摄主体成为视觉焦点。

有时候，我们还会以特写来表现人物、动物或其他对象的重点部位，这时更多呈现的是这些重点部位的一些细节和特色，像这张照片，表现的就是山魈面部的一些细节。 光圈f/3.2，快门速度1/160s，焦距142mm，感光度ISO1600

14.5　特写：刻画细节

特写，指拍摄人物的面部或被摄对象的某个局部的景别。特写能表现人物细微的情绪变化，揭示人物心灵的瞬间动向，使观众在视觉和心理上受到强烈的感染。

近景相对于全景而言，对人物肢体动作的表现力的要求更高。拍摄中景时，人物的动作一定要有所设计，要有表现力。 光圈 f/2，快门速度 1/320s，焦距 85mm，感光度 ISO100

CHAPTER 15

第15章

认识镜头语言

拍视频就像写文章，而镜头语言就像文章的语法。本章笔者将讲解运动镜头、镜头组接规律、长镜头与短镜头、空镜头的使用技巧、分镜头设计、故事画板等内容。

15.1 运动镜头

15.1.1 起幅：运镜的开始

镜头是视频创作过程中非常重要的一个因素，视频的主题、情感、画面形式等都需要有好的镜头作为基础。而对于摄影师来说，如何表现固定镜头、运动镜头，如何进行镜头组接，是其需要掌握的重要知识与技巧。

起幅是指运动镜头开始时的画面，要求有好的构图，并且有适当的时长。

一般有表演的画面应使观众能看清人物动作，无表演的画面应使观众能看清景色。具体长度可根据情节内容或创作意图而定。起幅之后，运动镜头才真正开始。

起幅画面1

起幅画面2

15.1.2 落幅：运镜的结束

落幅是指运动镜头结束时的画面，与起幅相对应。在落幅中，要求由运动镜头转为固定镜头时能平稳、自然，尤其重要的是准确，即能恰到好处地按照事先设计好的景物范围或对准主要被摄对象的位置停稳镜头，保持画面稳定。

有表演的场面，不能过早或过晚地停稳镜头，镜头停稳之后要保持一定的时间使表演告一段落。如果是运动镜头接固定镜头的组接方式，那么运动镜头落幅的构图同样要准确。

如果是运动镜头之间相连接，可不停稳镜头，直接切换至下一个镜头即可。

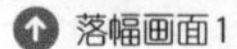
落幅画面1

落幅画面2

15.1.3 推镜头：营造不同的画面氛围与节奏

推镜头是摄影机朝被摄主体方向移动，或变动镜头焦距使画面由远而近、被摄主体不断放大的拍摄方法。

随着镜头的不断推进，画面由较大景别不断向较小景别变化，这种变化是一个连续的递进过程，最后画面定格在被摄主体上。

推进速度的快慢要与画面的气氛、节奏相协调。推进速度缓慢，表现抒情、安静、平和等气氛，推进速度快则表现紧张不安、愤慨、触目惊心等气氛。

实际应用推镜头时要注意以下两个问题。

（1）推进过程当中，要注意对焦位置始终位于被摄主体上，避免被摄主体出现频繁的虚实变化。

（2）最好有起幅与落幅，起幅用于呈现环境，落幅用于定格和强调被摄主体。

推镜头画面1

推镜头画面2

推镜头画面3

15.1.4 拉镜头：让观众恍然大悟

拉镜头正好与推镜头相反，是逐渐远离被摄主体的拍摄方法，当然也可通过变动焦距，使画面由近而远，被摄主体逐渐变小。

拉镜头可真实地向观众交代被摄主体物所处的环境及其与环境的关系。在镜头拉远前，环境是未知的，镜头拉远后可能会给观众“原来如此”的感觉，因此拉镜头常用于侦探、喜剧类题材当中。

拉镜头也常用于故事的结尾，随着被摄主体渐渐远去、缩小，周围空间不断扩大，画面逐渐扩展为或广阔的原野，或浩瀚的大海，或莽莽的森林等，给人以“结束”的感受，赋予结尾抒情性。

拉镜头时，特别要注意提前观察大的环境，并预判镜头落幅的视角，避免最终效果不够理想。

拉镜头画面1

拉镜头画面2

拉镜头画面3

15.1.5 摇镜头：代表观众视线

摇镜头是指机位固定不动，通过改变镜头朝向来呈现场景中的不同对象，就如同某个人进屋后扫视屋内的其他人员的效果。因此，摇镜头在一定程度上代表了观众的视线。

摇镜头多用于在狭窄或开阔的环境内快速呈现周边环境。比如人物进入房间内，扫视屋内的布局或人物；在拍摄群山、草原、沙漠、海洋等宽广的景物时，通过摇镜头快速呈现所有景物。

使用摇镜头时，一定要注意拍摄过程的稳定性，否则画面的晃动会破坏镜头原有的效果。

摇镜头画面1

摇镜头画面2

摇镜头画面3

15.1.6 移镜头：符合人眼视觉习惯的镜头

移镜头是指拍摄者沿着一定的路线运动，以完成拍摄。比如，在汽车行驶过程中，车内的拍摄者手持手机向外拍摄，随着车的移动，视角在不断改变，这就是移镜头。

移镜头是一种符合人眼视觉习惯的拍摄方法，让所有的被摄主体都能平等地在画面中得到展示，还可以使静止的对象运动起来。

由于移镜头需要在运动中拍摄，所以摄影机的稳定性是非常重要的。影视作品的拍摄中，一般会使用滑轨来辅助完成移镜头的拍摄，主要就是为了确保摄影机的稳定性。

使用移镜头时，建议适当多取一些前景，这些靠近机位的前景运动起来会显得速度更快，这样可以增强移镜头的动感。

还可以让被摄主体与机位反向移动，从而强调速度感。

移镜头画面1

移镜头画面2

移镜头画面3

15.1.7 跟镜头：增强现场感

跟镜头是指摄影机跟随被摄主体运动，且与被摄主体保持相同距离的拍摄方法。这样最终会得到被摄主体不变，但景物不断变化的效果，从而增强画面的临场感。

跟镜头具有很好的纪实意义，对人物、事件、场面的跟随记录会显得画面非常真实，在纪录类题材的长视频或短视频中较为常见。

跟镜头画面1

跟镜头画面2

跟镜头画面3

15.1.8 升降镜头：营造戏剧性效果

面对被摄对象，进行上下方向的移动拍摄的镜头，称为升降镜头。这种镜头可以以多个视点表现主体或场景。

升降镜头在速度和节奏方面的合理运用，可以让画面呈现出一些戏剧性效果，或强调被摄主体的某些特质，比如可能会让人感觉被摄主体特别高大等。

升镜头画面1

升镜头画面2

升镜头画面3

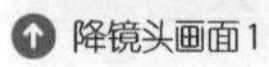
降镜头画面1

降镜头画面2

降镜头画面3

15.2 镜头组接规律

15.2.1 景别组接的4种方式

一般来说，组接两个及以上镜头时，景别的变化幅度不宜过大，否则容易有跳跃感，显得组接后的视频画面不够平滑、流畅。简单来说，如果从远景直接过渡到特写，跳跃感就非常强。当然，跳跃感强的景别组接也是存在的，即后续将要介绍的两极镜头。

1. 前进式组接

这种组接方式是指景别由远景、全景逐渐向中景、近景、特写过渡，这样景别变化幅度适中，不会给人跳跃感。

远景

全景

中景

特写

2. 后退式组接

这种组接方式与前进式组接正好相反，是指景别由特写、近景逐渐向中景、全景、远景过渡，从而呈现出从局部细节到场景全貌的变化。

中景画面

全景画面

3. 环形组接

这种组接方式其实就是将前进式组接与后退式组接结合起来的组接方式，景别由远景、全景、中景、近景向特写过渡，之后再由特写、近景、中景、全景向远景过渡。当然，也可以先后退式组接，再进行前进式组接。

4. 两极镜头

所谓两极镜头，是指镜头组接时由远景接特写，或是由特写接远景，这样组接，画面的跳跃感非常强，能让观众有较大的视觉落差，形成视觉冲击。两级镜头一般在影片开头和结尾使用，也可用于段落开头和结尾，不宜用于叙事，容易造成叙事不连贯。

除上述几种组接方式外，在进行不同景别的组接时，还应该注意以下问题。

同机位、同景别、同一被摄主体的镜头最好不要组接在一起，因为这样剪辑出来的视频画面中景物变化幅度非常小，画面看起来过于相似，给人堆砌镜头的感觉，没有逻辑性可言。

15.2.2 固定镜头组接

固定镜头仅要求摄影机位置、镜头光轴和焦距都固定不变，但被摄对象可以是静态的 ，也可以是动态的。固定镜头的核心就是画面所依附的框架不动，画面中的人物可以任意移动、入画出画，同一画面的光影也可以发生变化。

固定镜头画面1

固定镜头画面2

固定镜头有利于表现静态环境，在实际拍摄中，我们常用远景、全景等大景别固定镜头交代事件发生的地点和环境。

视频剪辑当中，固定镜头尽量要与运动镜头组接，如果使用了太多的固定镜头，容易使画面具有零碎感，不如运动画面可以比较完整、真实地记录和再现场景原貌。

并不是说固定镜头之间就不能组接，在一些特定的场景中，固定镜头之间的组接是可以的。

比如，在电视新闻节目中，不同主持人播报新闻时，中间可能没有穿插运动镜头，而是直接进行固定镜头的组接。

电视新闻节目中经常会见到固定镜头的直接组接

再比如，表现某些特定风光场景时，不同固定镜头呈现的可能是这个场景在不同时间段的样子，有的有流云、有的有星空、有的有明月、有的有风雪，那进行固定镜头的组接就会非常有意思。但要注意的是，组接同一场景在不同时间段的固定镜头时，不同镜头的时长最好相近，否则组接后的画面就会具有混乱感。

下面4个固定镜头呈现的都是颐和园，但显示了不同的时间段的天气。

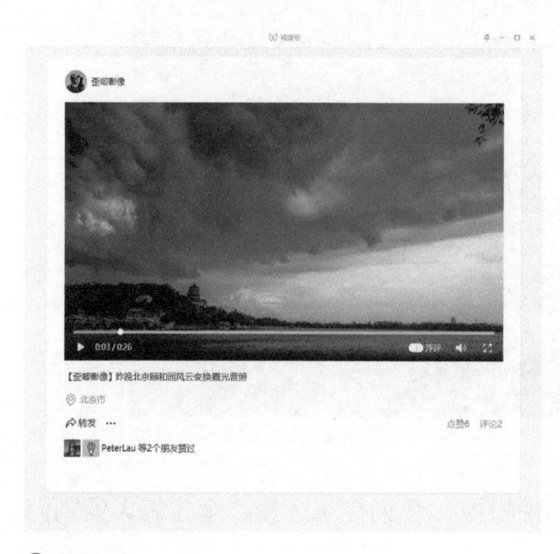

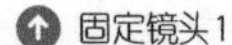

固定镜头1

固定镜头2

固定镜头3

固定镜头4

15.2.3　相似画面固定镜头组接的技巧

对于同一场景、同一主体，而且画面中其他元素的变化不是太大，该如何进行固定镜头的组接？我们可以在不同固定镜头之间用空镜头、字幕等进行过渡，这样组接后的视频画面就不会有强烈的堆砌感与混乱感。

15.2.4　运动镜头组接

在运动过程中拍摄的镜头叫运动镜头，也叫移动镜头。

运动镜头的动态变化主要用于模拟观众的视线移动，更容易调动观众的参与感和注意力，能引起观众强烈的心理感受。

运动镜头的组接并不仅限于运动镜头之间的组接，还包括运动镜头与固定镜头的组接。从镜头组接的角度来说，运动镜头组接是非常复杂和难以掌握的一种技能，特别考验剪辑人员的功底与创作意识，因为其中涉及镜头的起幅与落幅、剪辑点等相关知识。

1. 动接动：运动镜头之间的组接

对于运动镜头之间的组接，我们要根据被摄主体、运动镜头的类型来判断是否要保留起幅与落幅。

举一个简单的例子，在表现婚礼等庆典场面时，对不同被摄主体、不同的人物动作镜头进行组接，那么镜头组接处的起幅与落幅就要剪掉；而表现一些表演类的场面时，对不同表演者都要进行一定的强调，所以即便是不同的被摄主体，镜头组接处的起幅与落幅可能也要保留。之所以说是可能，是因为有时为追求紧凑、快节奏的视频效果，也会剪掉镜头组接处的起幅与落幅。

所以，运动镜头之间的组接要根据视频想要呈现的效果来进行，比较难掌握。

运动镜头1

运动镜头2

2. 静接动：固定镜头和运动镜头组接

大多数情况下，固定镜头与运动镜头组接时，需要在镜头组接处保留起幅或落幅。如果是固定镜头在前，那么最好保留运动镜头的起幅；如果运动镜头在前，那么要保留运动镜头的落幅，避免组接后画面跳跃感太强，令人感到不适。

上述介绍的是一般规律，但在实际应用当中，我们可以不必严格遵守这些规律，只要不是大量固定镜头堆积在一起，中间适当穿插一些运动镜头，就可以让视频整体显得比较流畅。

下面几个镜头表现的是某个酒店的环境，先用2个固定镜头展现山水意境，后接3个运动镜头展现酒店环境。

固定镜头1

固定镜头2

运动镜头1

运动镜头2

运动镜头3

15.2.5 轴线与越轴

轴线组接的概念及使用很简单，但非常重要，一旦出现违背轴线组接规律的情况，视频就会出现不连贯的问题，让人感觉非常跳跃，不够自然。

所谓轴线，是指主体运动的线路，或对话人物之间的假想连线。

看电视剧时，如果你观察够仔细就会发现，尽管有多个机位，但总是会在对话人物的一侧进行拍摄，即人物的左手侧或右手侧。如果同一个场景中，有的机位在人物左手侧，有的机位在人物右手侧，那么这两个机位的镜头就不能组接在一起，否则就是“越轴”或“跳轴”。这种画面，除了有特殊的需要以外，一般是不能出现的。

所以，一般情况下，人物总是从轴线一侧进出画面的。

15.3 长镜头与短镜头

15.3.1 认识长镜头与短镜头

视频剪辑领域中，长镜头与短镜头的区分依据并不是指镜头焦距长短，也不是指摄影器材与主体的距离远近，而是指单一镜头的持续时间。一般来说，单一镜头持续时间超过10s，可以认为是长镜头，不足10s则可以称为短镜头。

15.3.2 固定长镜头

机位固定不动，连续拍摄一个场面的长镜头，称为固定长镜头。

固定长镜头：画面1

固定长镜头：画面2

15.3.3 景深长镜头

以深景深拍摄，使所拍场景中的远景景物（从前景到后景）都非常清晰，并进行持续拍摄的长镜头称为景深长镜头。

例如，我们拍摄人物从远处走近，或由近处走远，使用景深长镜头，可以让远景、全景、中景、近景、特写等都非常清晰。一个景深长镜头实际上表现的是一组远景、全景、中景、近景、特写镜头组合起来所表现的内容。

15.3.4 运动长镜头

用推镜头、拉镜头、摇镜头、移镜头、跟镜头等呈现的长镜头，称为运动长镜头。一个运动长镜头就可能将不同景别、不同角度的画面全部覆盖。

运动长镜头：(跟镜头）画面1

运动长镜头：(跟镜头）画面2

商业摄影中，长镜头更能体现创作者的水准，长镜头视频素材的商业价值也更高一些。我们看一些大型庆典、舞台节目时，可能会发现长镜头比较多。我们也可以这样认为，越是重要的场面，越要用长镜头表现。

一些业余爱好者剪辑的短视频中，单个镜头的时长只有几秒，并且镜头之间运用大量转场效果，这看似是一种“炫技”行为，实际上恰好暴露了自己的弱点。

一般来说，长镜头更具真实性，能产生时间、空间、过程、气氛都非常连续的感觉，让人感觉非常真实，排除了一些作假、使用替身的可能。

15.4 空镜头的使用技巧

空镜头又称景物镜头，是指不出现人物（主要指与剧情有关的人物）的镜头。空镜头有写景与写物之分，前者统称风景镜头，往往用全景或远景表现；后者统称细节描写镜头，一般采用近景或特写表现。

空镜头常用于介绍环境背景、交代时间与空间信息、酝酿情绪氛围、过渡转场。

拍摄短视频时，空镜头大多用来进行镜头衔接，实现特定的转场效果或交代环境信息等。

运动镜头1

空镜头

运动镜头2

15.5 分镜头设计

15.5.1 正确理解分镜头

分镜头是指电影、动画、电视剧、广告等各种视频或偏视频的影像，在实际拍摄之前，以故事化的方式来说明连续画面的构成，将连续画面以镜头为单位进行分解，并且标注运镜方式、时长、对白内容、所需添加的特效等。借助于故事画板对镜头进行区分，分得越细致，拍摄效率就越高。

从视频的角度来说，分镜头是创作者（可能是视频拍摄兼剪辑人员）构思的具体体现。在视频拍摄之前，我们可以将视频内容分为一个个镜头，写出或画出分镜头脚本。

从理论上来讲，分镜头脚本应该具备以下几点要素。

（1）充分体现创作者的创作意图、创作思想和创作风格。

（2）镜头之间的组接必须流畅自然。

（3）内容简洁易懂。（分镜头的目的是把创作者的基本意图和故事内容以及人物形象大概说清楚，不需要描述太多的细节。细节太多反而会影响对总体的认识。）

（4）镜头间的连接须明确。（一般不表明分镜头的连接，只有分镜头序号变化的，其连接都为切换，如需溶入溶出，分镜头剧本上都要标识清楚。）

（5）对话、音效等需明确标识，而且应该标在恰当的位置。

分镜头脚本
那时相识，阳光明媚

镜号	场景	画面内容	镜别	时长	技巧	字幕	配音	备注
1	校园林荫道	男主拿着单反相机走在校园取景拍照透过相机观察校园美景	近景	34秒	移	即将离开中国校园回国之际，拍下校园内令人怀念的景物，就算远在他方，我也能凭借照片记忆来重温过去，重温美好。校园每一处都满载着我的记忆，无论悲伤与快乐	男主	男主是一金发碧眼帅哥、字幕为男主心里独白、舒缓背景音乐
2	校园林荫道	男主拿着单反相机走在校园取景拍照	近景到远景	1分钟	拉	无	无	舒缓背景音乐
3	校园林荫道	男主拍下一张照片，正点开来看，照片上有一女生正在打一男生耳光，二人站在桥上，他满脸疑惑的看着照片	远景到近景	30秒	推到脸部特写	What happened? 怎么了？	男主	舒缓背景音乐心里独白女生为女主
4	校园林荫道	男主抬头寻找着照片中的地点	近景	1分钟	晃动镜头	无	无	镜头充当男主视线
5	小桥上	女主正和一男生吵架	由远及近	20秒	推	原来在那儿。	男主	心里独白
6	小桥上	二人仍在争执	近景	20秒	无	“我早知道[illegible]狼，下次别让我再碰到你，我见一次打一次。”	女主	无
7	小桥上	女主转身欲走，见男主拿一相机，	近景	30秒	无	“拍什么拍，[illegible]告你侵犯我肖像权.”[illegible]么有这嗜好啊？我今天心情不好也算你运气不好！	女主	对话与心里独白
8	小桥下	男主不知所措的看着女主，满脸疑惑	近景	30秒	脸部特写	[illegible]，不但动口还动手。脸蛋这么秀气，品质与外貌果然成不了正比。评价一个字：差	男主	内心独白

➔ 某故事短片的分镜头脚本

创作者对每个镜头和段落之间衔接方式进行精心设计，可以表现出其对视频内容的整体布局、使用的叙述方法，以及细节的处理。

校台宣传片　分镜头脚本

总时长：4~5 分钟

镜号	画面内容	景别	拍摄方法	时间	机位	音乐	音效	备注
地点：教学楼前平								
1	从教学楼前平用草拼出的校标中缓缓升起了校园电视台的台标，台标被光圈笼罩着	中景	镜头随台标的上升而上升，上到一半镜头停止向上摇	3s	正前方	歌曲宏伟		背景没有人走动
2	台标先停在半空中，然后台标轻轻抖动到大幅度的抖动，台标上的光圈慢慢脱落，最终破茧而出	中景	固定镜头，台标破茧而出的时候从镜头的左上方的地方飞出境	2s	前斜侧面		玻璃碎片的声音	
3	以教学楼为背景，台标由近到远的飞向教学楼	空镜头	固定镜头 台标从镜头的右下方入境，小仰拍	1s	台标的后方	歌曲宏伟		有上课下课的学生
地点：教学楼								
4	陆陆续续有同学进入教学楼准备上课，台标从大门飞向教学楼 A 栋到 B 栋之间的空地	空镜头	镜头先对着教学楼大门，小仰拍等台标进入教学楼后就随着他的移动而摇	1s	侧面	轻快，附有节奏感		
5	台标在 A 栋到 B 栋之间的空地上向上飞舞	空镜头	固定镜头仰拍	2s	台标下方，教学楼一楼			
6	从一楼向四楼上升，每一层都有准备去上课的学生走动，快到四楼的时候看到了有一名记者和摄像正在采访一名同学，摄像机一直升到略高过他们的头顶才停止	空镜头	镜头向上升，小仰拍，升到 3 楼到四楼的过程中镜头慢慢向外升移，略高过他们的头顶<由小仰拍变成俯拍>	2s	镜头跟走廊成 45° 角			主观镜头
7	记者和摄像一直进行采访，台标从左至右的围绕着他们转两圈	空镜头	平拍，跟台标转的方向相反的移动一圈	2s	镜头从右向左移动			
8	台标绕完以后飞向教学楼顶楼的天空，记者和摄像仍然在工作	空镜头	固定镜头，台标由近到远的飞走了	1s	记者和摄像的右后方			

某宣传片的分镜头脚本

在分镜头脚本中，创作者要将自己的全部创作意图、艺术构思和独特的风格都表现出来。

15.5.2　怎样设计分镜头

(1) 首先要想好视频的起始、高潮与结束等各个阶段，从头到尾按顺序设计分镜头，列出总的镜头数。然后考虑哪些地方要细，哪些地方可简单，总体节奏如何把握，结构的安排是否合理，是否要给予必要的调整。

(2) 根据拍摄场景和内容定好镜头次序后，按顺序列出每个镜头的镜号。

(3) 确定每个镜头的景别。景别的选择对于视频效果有很重要的影响，并能改变视频的节奏、景物的空间关系和人们认识事物的规律。

(4) 规定每个镜头的运动方式和镜头间的组接方式。

(5) 估计镜头的时长。镜头的时长取决于阐述内容和观众领会镜头内容所需要的时间。同时还要考虑到情绪的延续、转换或停顿所需要的时间（以秒为单位进行估算）。

(6) 完成大部分视频的构思，搭出基本框架；然后分出较次要的内容和考虑转场的方法。这个过程中，可能需要补一些镜头，完善整个分镜头脚本。

(7) 要充分考虑到字幕、声音的作用，以及这两者与画面的对应关系，对音乐、独白等都要进行设计。

15.6 故事画板

15.6.1 分镜头脚本与故事画板的区别

可能很多初学者会误认为分镜头脚本与故事画板是一回事，两者确有相似之处，并且在一些特定场合中也会混用，但实际上两者是有一定区别的。

比如，我们要拍一段由多个镜头组成的视频，那么比较合理的操作方式是这样的：写一个脚本，创作者根据脚本先进行分镜头脚本的创作；然后由美术指导或平面设计人员根据分镜头脚本，用画稿或真实照片创作出一套与成片的镜头一致、景别一致、角度一致、节奏一致的，形象化、视觉化的绘本，这个绘本便是故事画板；在每个画格的画框底下都会有与画面对应的视听语言的说明和描述，以及其他文字内容。

故事画板应体现相应镜头的大量元素，包括形象造型、场景造型、景别、影调、色彩，以及运动镜头的起幅和落幅。

15.6.2 认识故事画板

故事画板起源于动画行业，后延伸到电影、微电影行业，其作用是安排剧情中的重要镜头，相当于一个可视化的剧本，而非简单的分镜头脚本。

对于一部电影或微电影来说，故事画板是必不可少的。导演在拍摄一组镜头前，一般都会预先画出该组镜头的故事画板，以速写画为主。导演在故事画板上以速写画的形式对一组镜头进行表现的过程，就是人们常说的分镜头分析。

对于视频拍摄来说，如果拍摄之前有故事画板，那么最终展示的效果也会好很多，这主要是因为通过故事画板可以更容易明确画面之间的内在联系和衔接方式，视频就会更流畅、自然。故事画板展示了各个镜头之间的关系，以及它们是如何串联起来的，使观众有一个完整的体验。

专业的故事画板，这往往需要专业美工人员才能完成

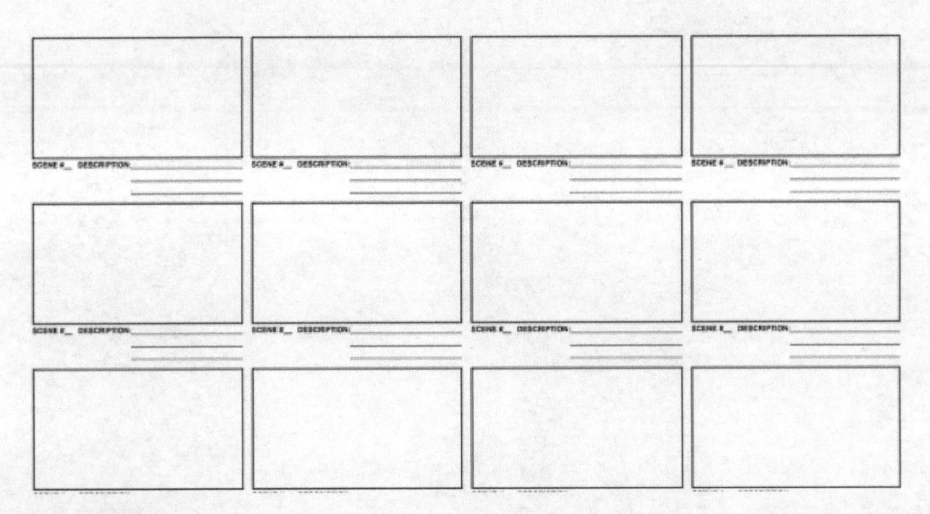

故事画板的格式

相对完整的故事画板示例

15.6.3 短视频故事画板

可能很多短视频创作者对于故事画板不太了解，因为他们没有系统的视频创作知识和经验。但要说明的是，要想制作系列的短视频，在抖音、好看视频等平台进行系统的创作并盈利，创作者需要进行故事画板的学习和训练。

这与任何一个项目在启动之前都要有策划案是一个道理，要想项目运行顺畅并完美收工，富有创意、亮点，并具有高度可行性的策划案是必不可少的。

对于短视频创作者来说，场景的结构、道具，人物的服装、语言，镜头的数量、运动方式和组接方式都要考虑到。

拍摄前期，短视频故事画板越详细，那么后续的创作过程就会越顺利，并且不会出现大的纰漏。

CHAPTER 16

第16章

用索尼微单相机拍摄视频的操作步骤

SONY α 系列相机的菜单设定比较人性化，几乎所有的拍摄功能均可通过操作菜单实现。合理地设置相机菜单，能够帮助摄影师更轻松拍摄出流畅的视频。本章笔者将针对一些常用的、重点的视频拍摄功能进行介绍，帮助摄影师熟练运用索尼微单相机拍摄视频。

本章以SONY α 7S Ⅲ为例进行讲解。

16.1 录制视频的简易流程

下面讲解录制视频的简易流程。

（1）设置视频文件格式及“记录设置”菜单。

（2）根据需求切换S挡、M挡、A挡等曝光模式。

（3）通过自动对焦或手动对焦的方式对拍摄主体进行对焦。

（4）按下红色的“MOVIE”按钮，即可开始录制视频短片。录制完成后，再次按下“MOVIE”按钮结束录制。

选择合适的曝光模式并开始录制

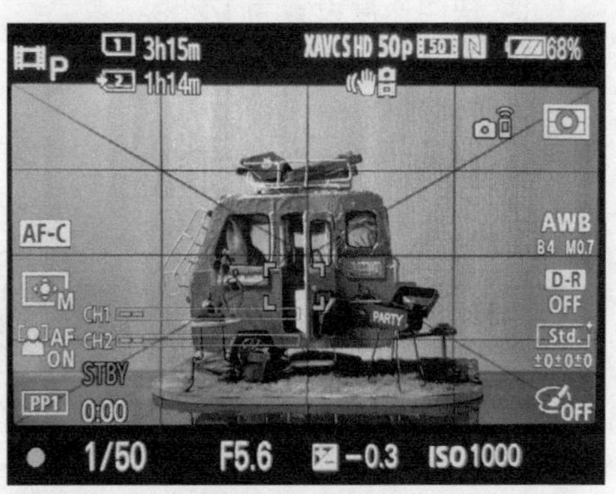

一般情况下，拍摄前要进行对焦

虽然录制视频的流程很简单，但想要录制一段高质量的视频，还需要熟悉设置视频拍摄模式、设置视频对焦模式、设置视频参数等操作。只有理解并正确进行这些操作，才能减少后期负担并产出高质量的视频作品。

16.2 认识 SONY α 系列相机屏幕中的图标

在视频拍摄模式下，相机屏幕中会显示许多参数，了解这些参数与图标的含义可以协助摄影师更高效地拍摄视频。下面对视频拍摄过程中屏幕中出现的图标进行解释。

① 模式旋钮设为P（程序自动）。

② 动态影像文件格式为XAVC S 4K。

③ Steady Shot设定为开。

④ 动态影像设置设定为25p、60M 4:2:0 8bit。

⑤ 剩余电量为88%。

⑥ 测光模式设定为多重。

⑦ 白平衡模式设定为自动。

⑧ 动态范围优化设定为关。

⑨ 图片配置文件设定为PP11。

⑩ 感光度设定为ISO400。

⑪ 曝光补偿设定为+0.3EV。

⑫ 光圈值设定为F4.0。

⑬ 快门速度设置为1/25s。

⑭ AF人脸/眼睛优先设定为开。

⑮ 音频等级显示设定为开。

⑯ 对焦区域设定为广域。

⑰ 对焦模式为手动对焦。

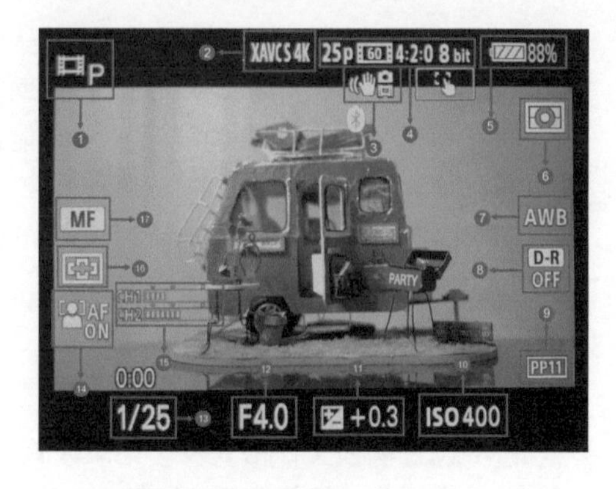

在拍摄视频的过程中，可以按DISP按钮来切换不同的显示信息。

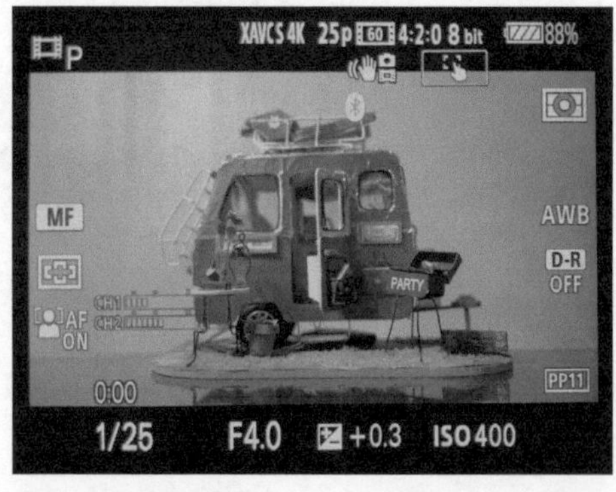

显示详细拍摄信息

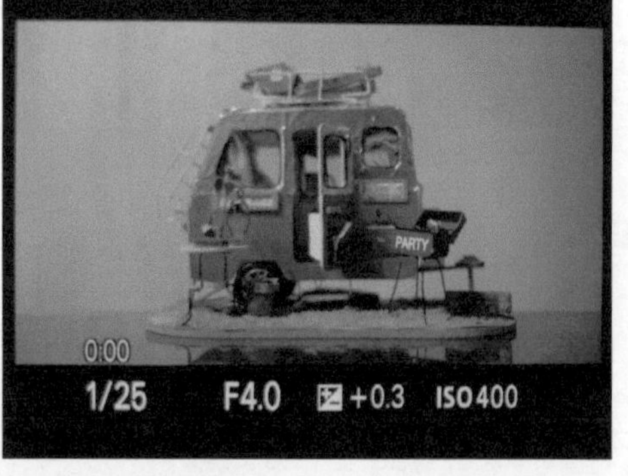

显示基本拍摄信息

显示直方图

显示水平仪

16.3 设置视频拍摄参数

16.3.1 设置快门速度

用微单相机拍摄视频，快门速度的设置非常重要。它不仅关乎画面的曝光是否正确，而且还对视频画面的质量有很大影响。

首先，用微单相机拍摄视频时，一般要采用手动曝光模式调整来快门速度。不能使用程序自动曝光模式、光圈优先自动曝光模式或快门优先自动曝光模式。其次，要确保曝光正确。快门速度决定进光时间的长短。它与光圈结合在一起决定了进光量，也就是画面整体的明暗效果。

在确保正确曝光的同时，快门速度的设置还必须考虑两个因素：一是确保运动画面 (机身运动)和画面内被摄体运动(画面内人或物的运动)的视觉流畅感，二是避免出现某种光源如日光灯下的频闪。

在拍摄照片时，快门速度越快，捕捉到的动作就越清晰。但在拍摄视频时，如果快门速度设置得过慢或过快，都会导致视频中的运动变得不流畅。快门速度过慢会导致运动物体出现拖影，过快会导致运动物体产生某种抖动。

根据经验来总结：快门速度应设定为帧速率的倍数，以2倍为最佳。也就是说，如果你的帧速率设定为25帧/秒，可以把快门速度设定在1/50s或1/100s; 如果你的帧速率是30帧/秒，把快门速度设定为1/60s或1/120s; 如果帧速率是50帧/秒，就把快门速度设定为1/100s或1/200s；如果帧速率是60帧/秒，就把快门速度设定为1/125s或1/250s。

当然，如果画面中没有明显运动的被摄体，快门速度的设置可以不受上述规则的限定，但快门速度的分母的值至少不能小于拍摄时的帧速率的数值。例如，当帧速率设定在50帧/秒时，快门速度要快于1/50s。

快门速度过快会导致视频画面中的运动主体产生抖动

快门速度过慢会导致视频画面中的运动物体出现拖影

16.3.2 设置对焦模式

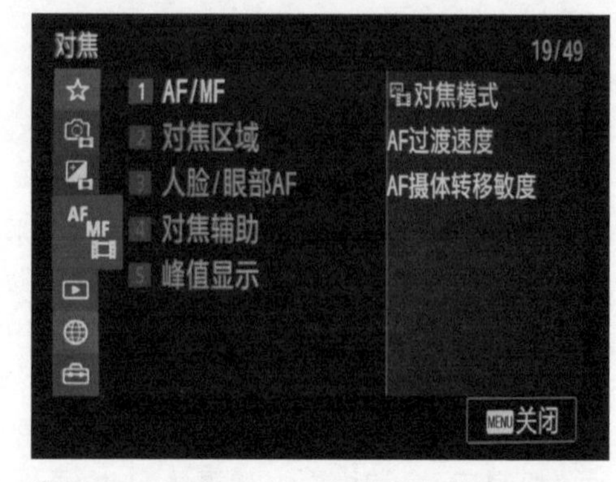

点击“对焦”菜单中的“AF/MF”选项即可设置对焦模式

在拍摄视频时，有两种对焦模式可供选择，一种是自动对焦，另一种是手动对焦。自动对焦与手动对焦再往下细分还有不同的模式，摄影师可以通过点击“对焦模式”选项选择合适的对焦模式。下面对这些对焦模式进行简要介绍。

（1）AF-S（单次AF）：在合焦时固定焦点，用于对焦不移动的被摄主体。

（2）AF-A（自动AF）：根据被摄主体是否移动，切换单次AF和连续AF；半按快门按钮，相机判断被摄主体静止会固定对焦位置，判断被摄主体移动会持续对焦。

（3）AF-C（连续AF）：半按快门按钮期间，相机持续对焦，在对移动中的被摄主体对焦时使用，合焦时不发出电子音。

（4）DMF（直接手动对焦）：用自动对焦进行对焦后，可手动进行微调；与从一开始使用手动对焦相比，能够更迅速地对焦，微距拍摄时较为方便。

（5）MF（手动对焦）：手动进行对焦；用自动对焦无法对被摄主体合焦时，请用手动对焦进行操作。

16.3.3 选择对焦区域

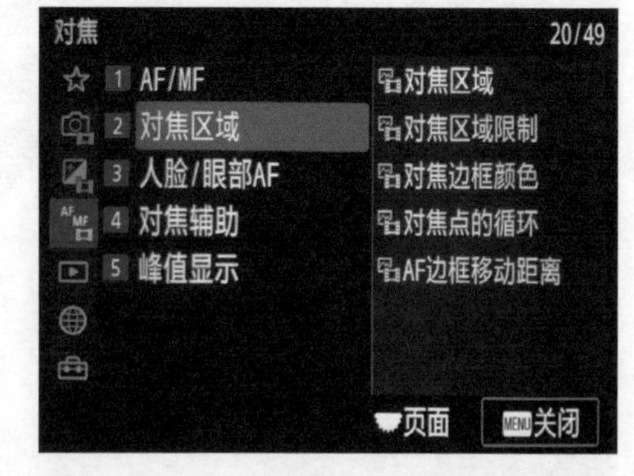

点击“对焦”菜单中的“对焦区域”选项即可选择对焦区域

在拍摄视频时，我们可以根据拍摄对象及对焦需求，选择不同的对焦区域，下面简要介绍SONY α7S Ⅲ相机中自带的5种对焦区域及其应用条件。

（1）广域：以显示屏整体为基准自动对焦；如果在拍摄静止对象时半按快门按钮，合焦的区域会显示为绿框。

（2）区：在显示屏上选择想要对焦的位置，相机会自动进行对焦。

（3）中间固定：对显示屏中央附近的对象自动对焦。

（4）点：将对焦框移动到显示屏上的所需位置，可对非常小的对象或狭窄区域进行对焦。

（5）扩展点：将点周围的对焦区域作为合焦的第二优先区域，相机对选定的点无法合焦时，会对周围的对焦区域进行合焦。

16.3.4 设置自动对焦灵敏度

录制视频时，我们可以对“AF过渡速度”与“AF摄体转移敏度”进行设置。首先是“AF过渡速度”，这个参数表示的是从一个点对焦到另一个点时，相机对焦过渡速度的快慢，数值越大则速度越快。若速度较快在有物体经过被摄主体前形成遮挡时，对焦点不会很快发生改变，这样会提高整段视频的流畅度。

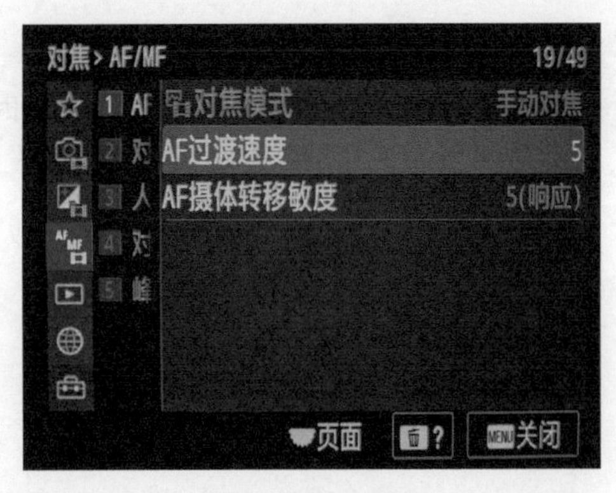

点击“对焦”菜单中的“AF/MF”选项中的“AF过渡速度”与“AF摄体转移敏度”选项即可设置

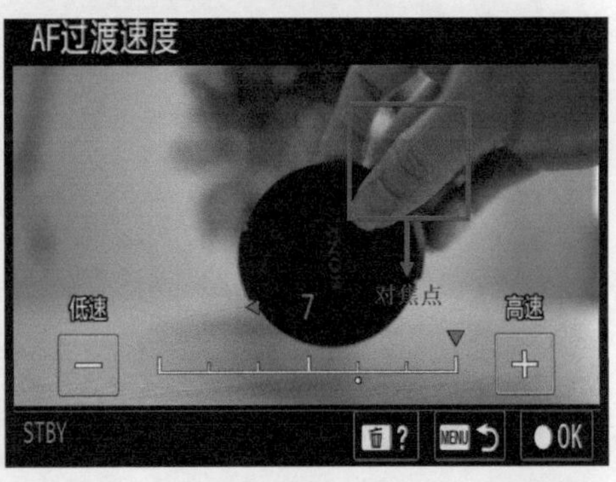

数值越大则速度越快

“AF摄体转移敏度”指的是对焦灵敏度，数值越大则对焦灵敏度就越高，反之则越低。在拍摄快速运动的物体时，该数值越大，相机会越快做出判断，保证对焦点的准确。

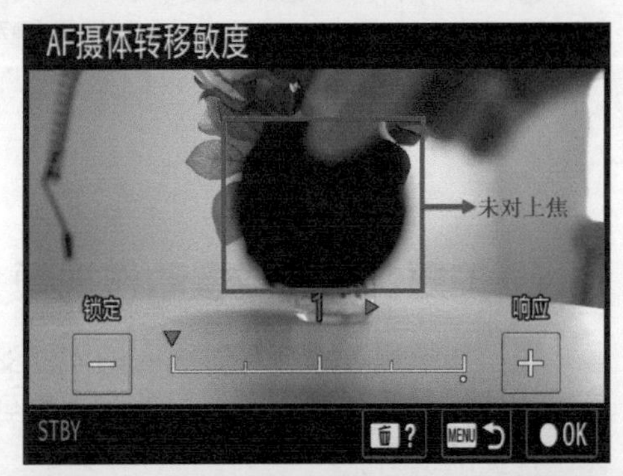

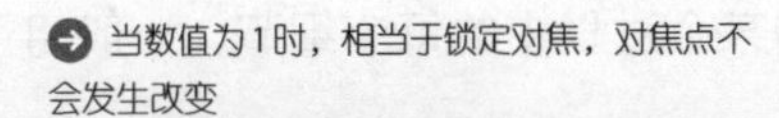

当数值为1时，相当于锁定对焦，对焦点不会发生改变

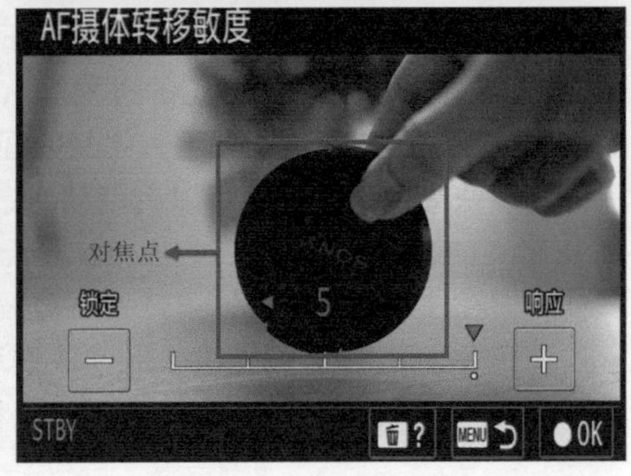

数值越大，对焦灵敏度越高

16.3.5 设置录音参数

在使用SONY α 系列相机录制视频时，可以利用机内话筒录制现场声音，具体设置如图所示。

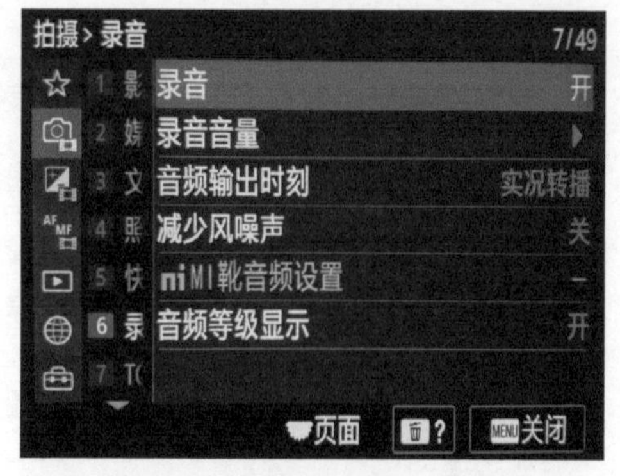

在"拍摄"菜单中点击第6项"录音"，将其设置为"开"。

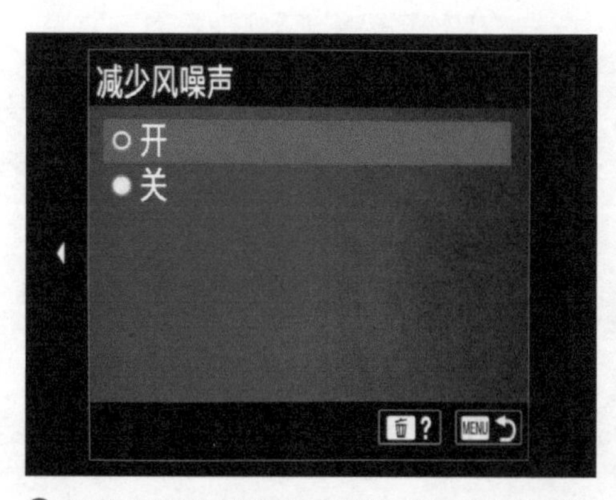

在室外大风环境录制视频，建议将"减少风噪声"选项设置为"开"，这样可以过滤掉风噪声。此功能对外置话筒无效。

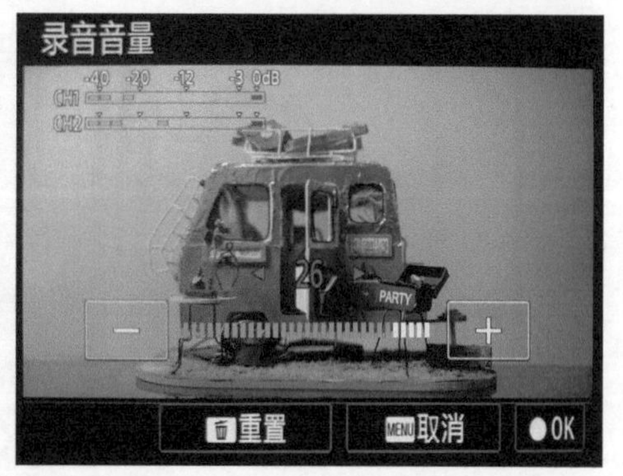

录制声音较大的动态影像时，设定较低的"录音音量"可以记录具有临场感的声音。录制声音较小的动态影像时，设定较高的"录音音量"可以记录容易听取的声音。点击"录音音量"选项即可调整所录制声音的音量大小。

16.4 拍摄快动作或慢动作视频

慢动作拍摄可以将短时间内的动作变化以更高的帧速率记录下来，并且在播放时可以慢速播放，使观众可以更清晰地看到某个过程中的每个细节，一般用于记录肉眼无法捕捉的瞬间。

快动作是将长时间的现象缩短为短时间的现象进行记录，也可记录长时间的变化（如光影、星空的变化、开花的过程等），然后以更快的速度进行播放，从而在短时间之内重现事物的变化过程，给人强烈的视觉震撼。

拍摄快或慢动作视频可以记录动作激烈的体育运动场景、鸟儿起飞的瞬间、开花的过程，以及云彩和星空的变化等。在使用慢和快动作功能时，声音是不会被记录的。

使用SONY α 系列相机录制快或慢动作视频的步骤介绍如下。

（1）将模式旋钮设定为 S&Q（慢和快动作）。

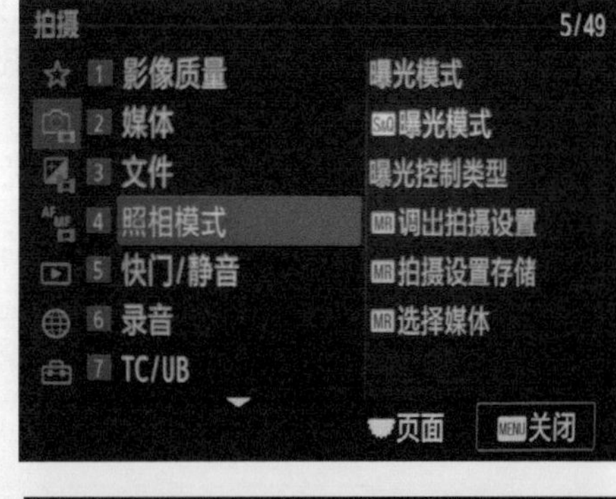

（2）点击“拍摄”—“照相模式”—中的“S&Q曝光模式”选项，进行拍摄慢和快动作视频的所需设置。

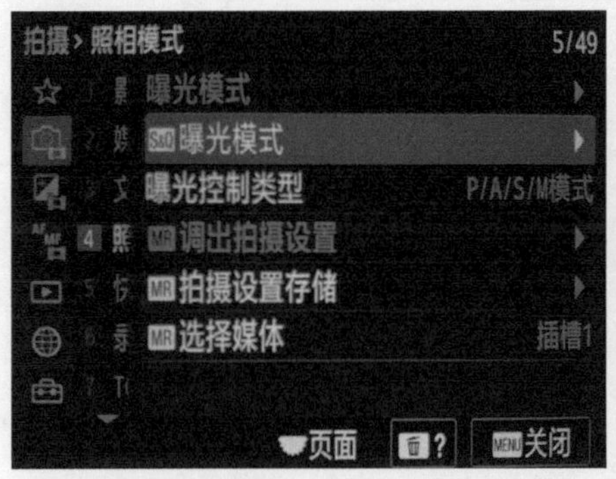

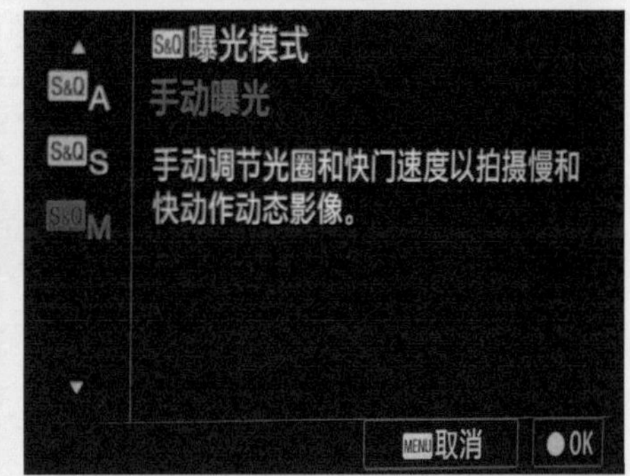

（3）点击“拍摄”—“影像质量”—“S&Q快和慢设置”选项，选择要设定的项目，分别设置“S&Q记录帧速率”“S&Q帧速率”“S&Q记录设置”。

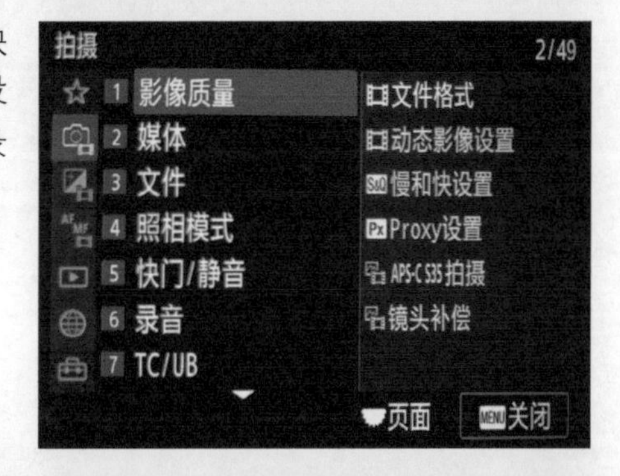

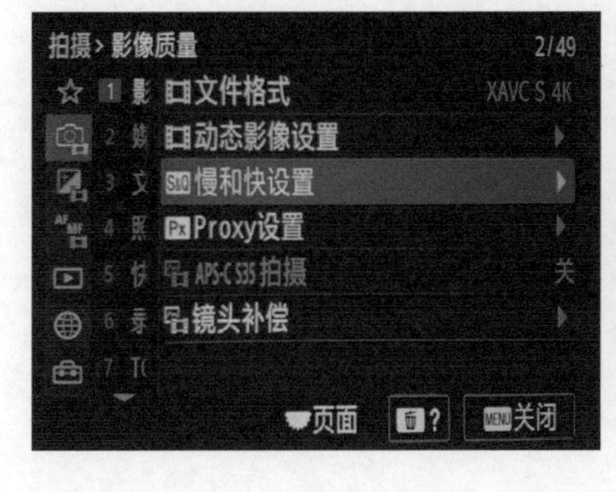

（4）按MOVIE（动态影像）按钮开始拍摄。要结束拍摄时，再按一次MOVIE按钮。根据“S&Q记录帧速率”和“S&Q帧速率”的设置，匹配的播放速度如下表所示。

S&Q 帧速率	S&Q记录帧速率		
	25p	50p	100p
200fps	8倍慢速	4倍慢速	2倍慢速
100fps	4倍慢速	2倍慢速	正常的播放速度
50fps	2倍慢速	正常的播放速度	2倍快速
25fps	正常的播放速度	2倍快速	4倍快速
12fps	2.08倍快速	4.16倍快速	8.3倍快速
6fps	4.16倍快速	8.3倍快速	16.6倍快速
3fps	8.3倍快速	16.6倍快速	33.3倍快速
2fps	12.5倍快速	25倍快速	50倍快速
1fps	25倍快速	50倍快速	100倍快速

第17章

掌握拍摄视频的高级功能——图片配置文件功能

CHAPTER 17

图片配置文件（Picture Profile）是索尼新世代相机与以往所有机型最重要的区别之一，此功能原先常见于索尼的专业摄影机上，可以控制拍摄出来的影像效果，类似于佳能、尼康或者其他品牌相机上的拍摄风格（Picture Style）设定功能，但此功能支持更专业、更细致的调整。本章笔者将介绍如何利用图片配置文件功能更加快捷地拍摄符合自己预期效果的视频。

本章以SONY α7S Ⅲ为例进行讲解。

17.1 认识图片配置文件功能

17.1.1 图片配置文件功能的作用

简而言之，图片配置文件功能的作用在于使拍摄者在前期拍摄时可以对视频的层次、色彩和细节进行精确的调整，从而在不经过后期处理的情况下，依然能够实现预期拍摄效果。对于擅长视频后期处理的拍摄者来说，通过调节"图片配置文件"中的某些参数，可以最大限度地减小深度后期处理带来的画质损失与色彩断层问题。

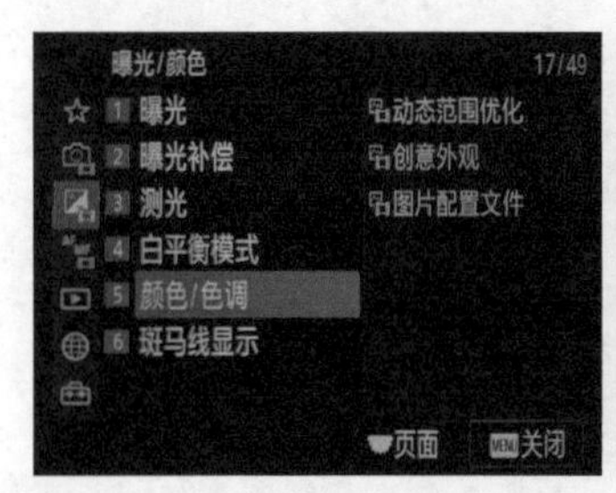

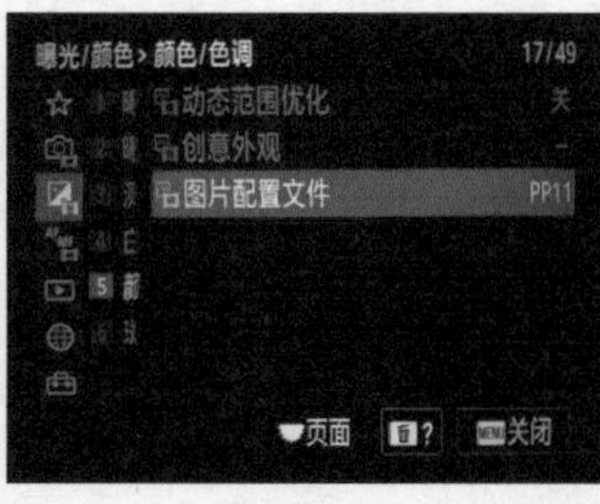

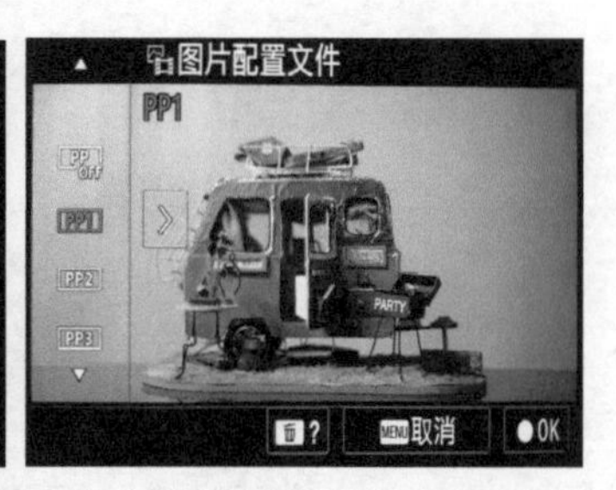

点击"曝光/颜色"菜单中的"颜色/色调"选项，点击"图片配置文件"选项即可选择合适的PP值预设

点击"图片配置文件"之后可以看到"PP1"到"PP10"10个不同的选项，选择其中任意一个对视频的对比度、动态范围的影响都是不同的，不同的视频对比度和动态范围对后期调色的影响也不相同。下面简单介绍下SONY α 系列相机内置的10种PP值预设，方便拍摄者高效率产出视频。

（1）PP1：默认使用的是Movie伽马和Movie色彩模式，用这种模式拍出来的视频比较适合直出，不需要对画面色彩进行还原处理，但是因为画面动态范围过窄，所以后期调色时需要谨慎。

（2）PP2：默认使用的是Still伽马和Still色彩模式，这种模式下的画面对比度略有提升，但饱和度会降低，同时画面的明亮度也会降低，高光细节比设置为"PP1"时稍微多一些，同样比较适合直出，而且后期调色效果不理想。

（3）PP3：默认使用的是ITU709伽马和Pro色彩模式，这种模式下的画面比设置为"PP2"或"PP1"时的对比度都要低，同时饱和度也会下降，画面的整体细节更多，但还是比较适合直出。

（4）PP4：默认使用的是ITU709伽马和ITU709矩阵色彩模式，这种模式下的画面除了饱和度比设置为"PP3"时高了一些之外，其他基本一样。

（5）PP5：默认使用的是Cine1伽马和Cinema色彩模式，这种模式就比较专业，画面整体细节较多，整体的对比度、饱和度偏低，但动态范围很广，不需要套LUT，可以直接调出有电影质感的色调，非常适合刚学习调色的拍摄者练手。

（6）PP6：默认使用的是Cine2伽马和Cinema色彩模式，这种模式下的画面与设置为“PP5”时类似，不过整体的高光细节要更多一些。

（7）PP7，默认使用的是S-Log2伽马和S-Gamut色彩模式，这种模式下，画面整体的对比度、饱和度大幅度降低，动态范围非常广，细节保留最多；但是后期需要先套索尼官方的LUT对画面进行还原处理，再进行调色，而且它还有一个缺点就是感光度最低为ISO500，所以，后期硬件条件一般的拍摄者建议谨慎使用。

（8）PP8：默认使用的是S-Log3伽马和S-Gamut3.Cine色彩模式，在这种模式下直出的画面非常灰，原因是因为细节太多，动态范围也非常广，它的缺点在于调色很麻烦，需要套LUT，感光度最低为ISO500。

（9）PP9：默认使用的S-Log3伽马和S-Gamut3色彩模式，这种模式下的画面与设置为“PP8”时基本一样，但是它在拍摄时对光线的要求很高，需要提高曝光补偿值进行拍摄。

（10）PP10：默认使用的是HLG2伽马和BT.2020色彩模式，这种模式下的画面的细节比采用S-Log模式时略微少一些，其优点在于可以直出，但是直出的画面在不支持HDR的屏幕上观看时是过曝的，这就需要我们通过后期软件把视频的色彩空间转换成Rec.709后才能正常播放。

17.1.2　图片配置文件功能的参数

图片配置文件功能包含九大参数，分别为黑色等级、伽马、黑伽马、膝点、色彩模式、饱和度、色彩相位、色彩浓度和细节。这些参数的设置影响着图像的层次、色彩与细节。点击“图片配置文件”后，菜单中并不会直接显示这些参数，而是以这些参数的不同设置混合成11种不同的PP值预设来展现，每种预设都有不同的使用环境，拍摄者可根据自身需求来选择。选择合适的PP值预设后，拍摄者可根据需求来微调其中的九大参数，从而满足拍摄需要。

↑ 对图片配置文件功能的参数进行调整

17.1.3　图片配置文件功能的辅助功能

为了能够扩大后期处理的空间，有经验的拍摄者通常会选择能够增加后期宽容度与画面细节的色彩模式（比如Cine模式与S-Log模式），此时显示屏中显示的画面会与最终成片差距甚大。为了更加直观地观察画面中亮部与暗部的亮度区别，并在一定程度上看到色彩还原后的效果，这时需要开启几项辅助功能。

首先是开启“斑马线显示”功能，“斑马线显示”功能可以通过线条让拍摄者轻松判断目前的高光区域是否过曝。比如将“斑马线水平”的值设置为100，如果某个点过曝了，那个点就会显示出斑马线来，非常直观。需要强调的是，在光线不足的环境中拍摄时，应尽量在没有出现斑马线的情况下增加曝光补偿值，这样可以最大限度地减少画面中的噪点，并减少后期负担。

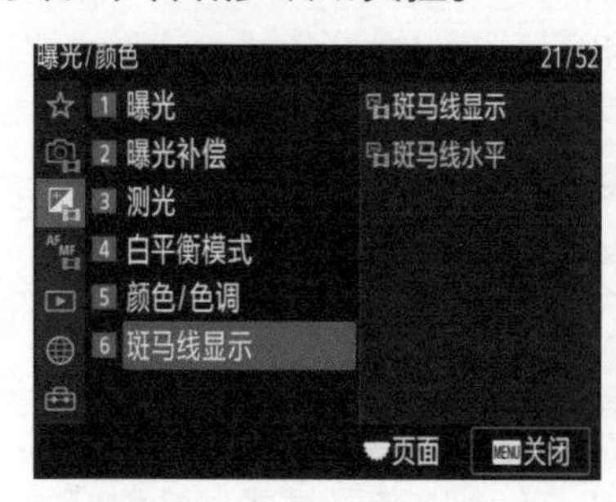

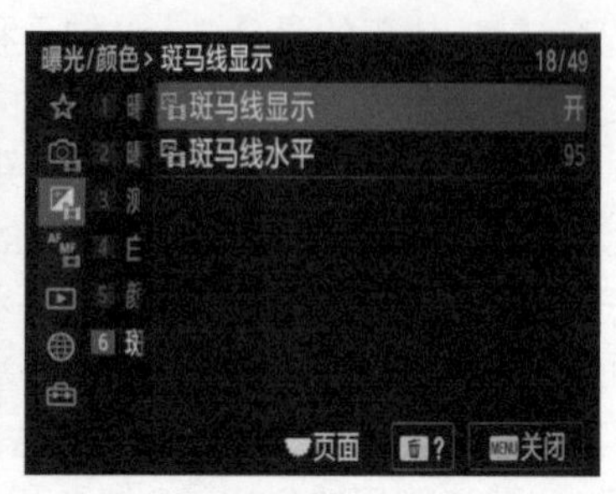

点击“曝光/颜色”菜单中的“斑马线显示”选项，将其打开

其次是“Gamma显示辅助”功能，在拍摄S-Log伽马曲线的动态影像时，其会以低对比度显示，并且可能难以监测，开启“Gamma显示辅助”功能，可以再现非常自然的对比度。此外，在相机的显示屏/取景器上播放动态影像时，也可以开启“Gamma显示辅助”功能。简单来说，开启“Gamma显示辅助”功能就相当于还原一部分色彩，让拍摄者能够更加容易地把握视频的整体效果。

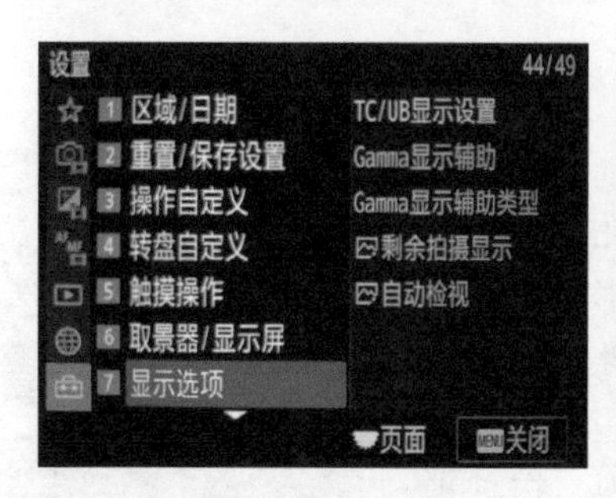

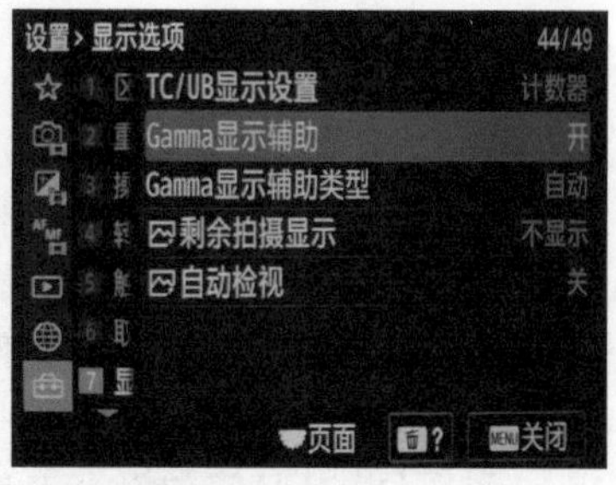

点击“设置”菜单中的“显示选项”，将“Gamma显示辅助”开启

最后可以打开的辅助功能就是直方图，直方图可以让拍摄者对影调有一个整体把握。拍摄者通过观看直方图可以清晰地看到画面中亮部、中间调以及暗部的分布情况，从而实现对曝光的精确控制。

直方图从左到右依次分布着阴影/暗部区域、中间调区域和高光/亮部区域。当波形整体处于居中位置时，画面整体的曝光是比较适中的。

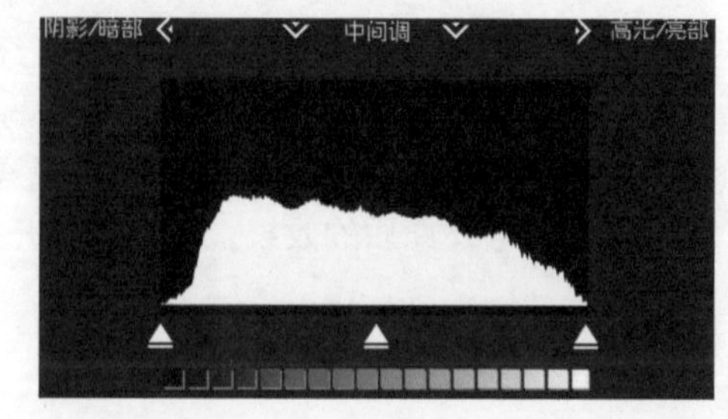

17.2 理解图片配置文件功能的核心——伽马曲线

17.2.1 伽马曲线

伽马（Gamma）就是成像物件形成画面的“反差系数”。如果伽马曲线比较陡，则输出画面的反差比较大；如果伽马曲线比较缓，则输出画面的反差比较小。伽马也可以理解为成像物件对入射光线做出的“反应”，根据成像物体在不同亮度下的不同“反应”获得的曲线，就是伽马曲线。

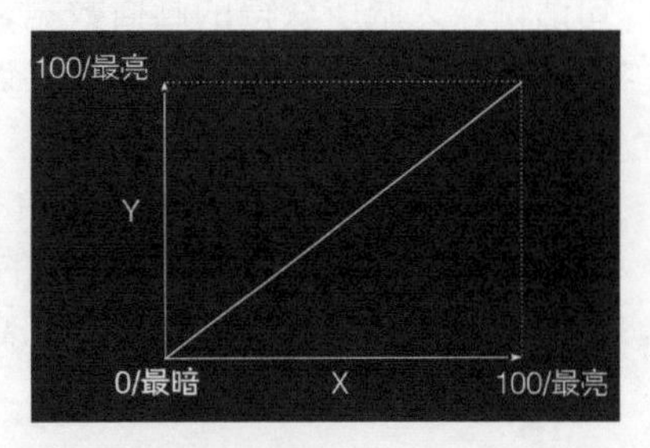

709模式下的伽马曲线

人眼是“非线性设备”，当环境亮度提高2倍时，人眼会觉得没什么区别，只是亮了一点点，但如果环境亮度提高8倍，人眼就会觉得“这应该比原来亮了2倍”。正因为人眼的这种特性，人们可以同时看清亮度差别很大的物体，比如可以在逆光下看清天上的云朵和树干上的纹理，可以在黑暗的房间里同时看清燃烧着的蜡烛和角落里的拖鞋。这些物体（云朵和树干、蜡烛和拖鞋）的亮度差非常巨大，而人眼并不会觉得它们亮度差别很大，它们实际上暗了很多或亮了很多，这就是“非线性设备”的本事。

人眼作为一个“成像物件”，其伽马曲线不是一条直线，因为人眼对光线的反应是非线性的。而胶片和CCD、CMOS也是成像物件，它们对光线的反应又如何呢?

胶片在发明和发展的过程中，用化学成像的方式充分模拟了人眼的“非线性感受光的能力”。胶片在其宽容度范围内，对光线强弱变化的反应比较接近人眼，因此我们就认为胶片是“正确和真实”的，因为用胶片拍摄出的画面跟我们看到的差不多。

CMOS（或CCD）的成像方式是通过像点中的硅感受光线的强弱而获得画面。硅感受光线是物理成像，它真实地反应了光线强度的变化，有多少就输出多少，因此它对光线的反应是线性的。于是，它的伽马曲线跟人眼的伽马曲线就不一致了，如下图所示。

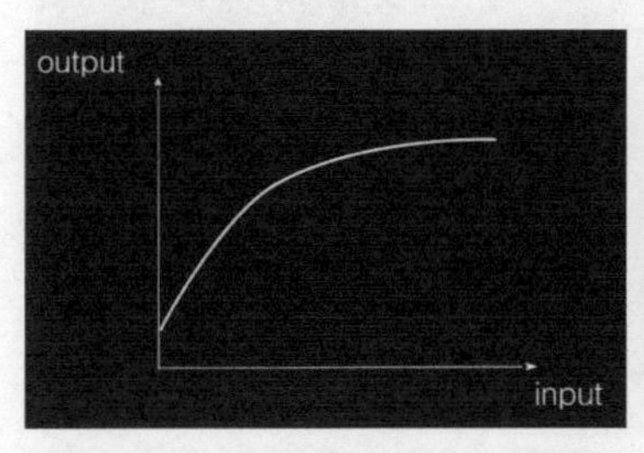

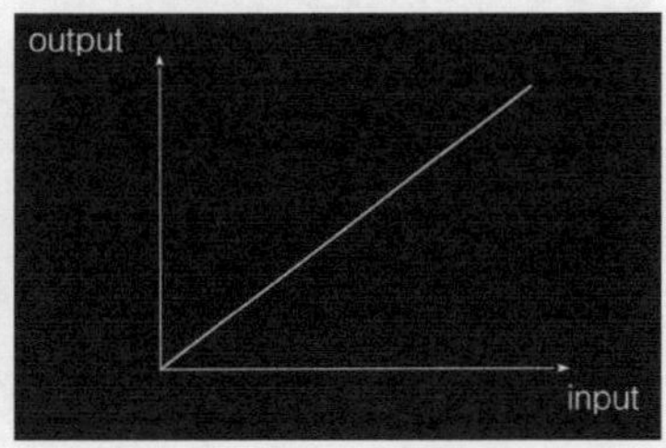

这是在同一个场景下得出的，左边是我们人眼的伽马曲线，右边是CCD的伽马曲线。横坐标是入射光线，纵坐标是对光感的反应

入射光线从全黑到有一点亮度时，人眼就会觉得“够亮了”。然后，光线继续变亮，到了很亮的时候，人眼的反应会变得非常迟钝，亮度再提高，人眼也不会觉得亮了很多。实际上，CMOS获得的光线跟人眼获得的光线是一样的，只是对光线的反应不同；换句话说，人眼所获得的画面数据，CMOS也同样获取了。那么，要想输出一张“像人眼看到的那样”的画面，只需要调整CMOS“对光线的反应”就可以了（将线性反应改为非线性反应）。

因此各大厂商就推出了符合各家CMOS的伽马曲线，这就有了我们现在统称的Log。比如佳能的C-Log、索尼的S-Log、松下的V-Log以及BMD电影模式。这样画面的宽容度会大大提高，阴影和高光的细节都能保存下来，拍摄的画面就更接近人眼看到的画面。

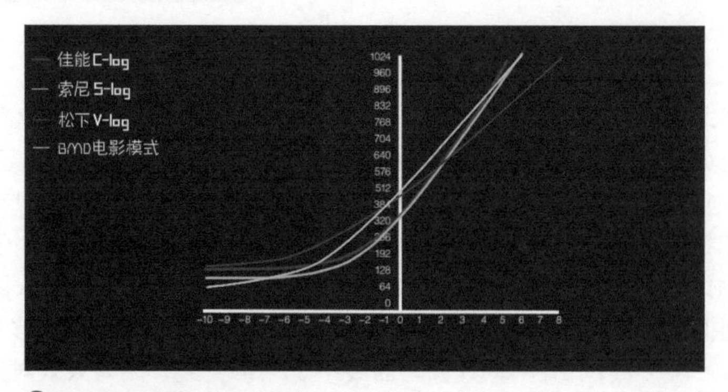

各个相机厂商所推出的伽马曲线

17.2.2 不同伽马曲线的画面效果

为图片配置文件功能设置不同的伽马曲线时，呈现出来的图像效果会有所区别。下面笔者将使用不同的伽马曲线拍摄，从而展现不同伽马曲线的特点并讲解这些伽马曲线所适合的场景。

选择某个PP值后点击“伽马”选项，即可选择不同的伽马曲线

1. Movie

Movie是视频拍摄中的标准伽马曲线。Movie的特点是拍出来的画面具有胶片质感，且动态范围不大，适用于拍摄不怎么进行后期处理就可以得到理想画面的题材。普通场景都可以使用Movie来拍摄。

2. Still

Still的特点是模拟相机拍摄静态照片的效果，使用它拍出的画面具有较高的对比度与浓郁的色彩。它适合于拍摄集会活动之类的需要丰富色彩的场景。

3. Cine1

索尼相机内置了4条Cine伽马曲线，Cine1为其中之一。Cine与Movie都是电影的意思，之所以要用不同的单词表示，是因为要与Movie有所区别。使用Cine1拍摄的画面有类似于电影风格的高光，能让画面中过曝部分看起来更加自然，非常适合在户外或者明快的大光比环境下拍摄，并且有着较大的动态范围，但画面对比度较低，通常需要在后期适当提高对比度。

PP5：Cine 1的画面效果

4. Cine2

Cine2与Cine1比较类似，区别在于Cine2对画面的亮度范围进行了压缩，使画面中过亮的区域显示为灰白色。因此，此种伽马曲线适用于本来就要对亮部细节进行压缩的电视直播。

5. Cine3与Cine4

Cine3相对于Cine1来说强化了明暗对比，增加了黑色的层次，因此Cine3能拍出比Cine1对比度更高的画面。Cine4是Cine3的升级版，Cine4加强了暗部的对比，所以更适用于拍摄偏暗场景。

PP1：Cine 4的画面效果

6. S-Cinetone

SONY α7S Ⅲ的定位是专业级视频机，带有“S-Cinetone”模式，其他带有此模式的机型有FX9、FX6、FX3等。简单地讲，S-Cinetone就是为了无须后期调色而直接录制电影感画面而量身定制的伽马曲线。

在高端电影制作中，数字电影摄影机都会使用RAW/ X-OCN格式记录影像，然后在后期进行调色，从而创造出千姿百态的高质量影像。另外，后期调色过程需要大量的时间，而且成本可能很高。在视频内容制作市场中还有一种需求：由于时间和预算的限制，在不进行大量后期调色，甚至根本就不调色的情况下，创作出色彩、细节等丰富的具有电影感的画面。正是为了满足这种需求，索尼开发了S-Cinetone。

S-Cinetone的基础伽马曲线其实就是BT.709，但它采用了一些胶片色调的精华特性。它在表现暗部时具有高对比度，表现高亮度部时具有低对比度。与传统视频(采用R709曲线拍摄)相比，用S-Cinetone拍出的视频具有这些特点：由于亮部对比度低，高亮度画面显得柔和且比较亮；因为暗部的对比度稍高，暗部画面显得更强烈，色彩饱和度更高。所以根据这些特点，在S-Cinetone下，我们可通过控制曝光使被拍物体处于不同明暗位置，从而调整色调。

左边采用S-Cinetone拍摄，右边使用R709拍摄，可以看到亮部细节被还原了出来

7. ITU709与ITU709（800%）

ITU709/ITU709（800%）中的“ITU”是国际电信联盟的意思，所以ITU709是高清电视节目的标准伽马曲线，适用于普通场景的拍摄。ITU709的特点是有较高的自然对比度与真实的色彩、有限的动态范围。ITU709（800%）具有比ITU709更广的动态范围，能有效地压制画面中的高光区域，当使用ITU709无法获得细节丰富的高光区域时，可以使用ITU709（800%）来获得更多的高光细节。

PP3：ITU709的画面效果

8. S-Log2与S-Log3

S-Log2与S-Log3是索尼相机最有名的两条伽马曲线。首先是S-Log2，它具有所有伽马曲线中最广的动态范围，以至于即使画面具有强烈的明暗对比也能表现出丰富的细节。使用S-Log 拍摄的原片画面是灰蒙蒙的，只有通过后期处理才能还原出真实的画面。而S-Log3与S-Log2相比，多了一点胶片色调。

虽然说S-Log相对其他伽马曲线来说，宽容度要大一些，但也必须要配合进行后期处理。S-Log并不适用于拍摄所有题材，因为S-Log与其他伽马曲线在参数上的最大不同就是感光度最低为ISO500或ISO800，而高感光度很容易让画面产生噪点，因此光线充足或者光线不足且明暗对比不大的场景是不适合使用S-Log拍摄的。

PP7:S-Log2的画面效果

PP8:S-Log3的画面效果

9. HLG、HLG1、HLG2与HLG3

HLG、HLG1、HLG2与HLG3是录制HDR视频常用的伽马曲线，所拍摄画面的特点是阴影和高光部分都具有丰富的细节，并且颜色鲜艳，不需要怎么进行后期处理就可以直出。这4种伽马曲线之间的区别主要在于动态范围与建造强度。HLG1在降噪方面表现得比较好，而HLG3的动态范围更广一些，但降噪方面的表现会差一些。

索尼相机的图片配置文件功能由于参数众多，对于一些新手来说比较难掌握，因此新手在前期可以不用理会这个功能，直接关闭即可，先学习直出视频的拍摄，等对索尼相机的其他功能有所了解，对视频拍摄有自己的见解后，再来学习图片配置文件功能就容易多了。

PP2:HLG的画面效果

17.3 多种参数调整

17.3.1 黑色等级调整

我们选择PP值后不只可以设置伽马曲线，还可以调整众多参数，拍摄者要想熟练掌握图片配置文件功能的使用，就必须对这些参数有所了解。首先是黑色等级，我们从字面上就能大致理解这个参数，它主要是对画面中的暗部区域进行调整与控制，增大黑色等级的数值，画面中的暗部区域会变亮。当黑色等级的数值越来越大时，整个画面就会变灰，缺乏层次感，减小黑色等级的数值则会增加画面的对比度。在下图中可以看到，随着黑色等级数值的增大，画面中墙壁的阴影部分的细节变得越来越多了。

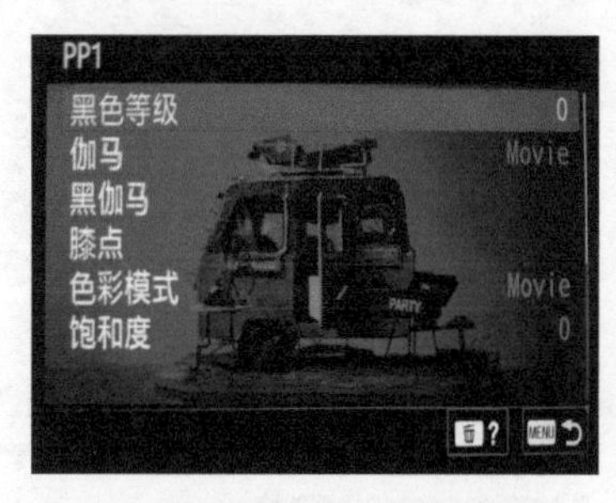

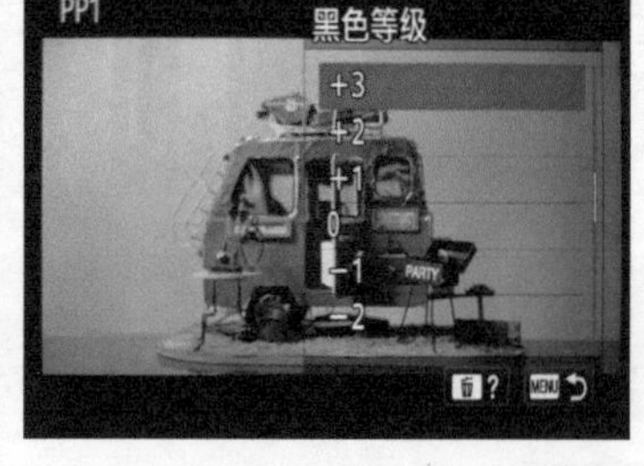

点击“黑色等级”选项，调整其数值大小

黑色等级：-15

黑色等级：-8

黑色等级：+8

黑色等级：+15

17.3.2 黑伽马调整

黑伽马不是另外一条伽马曲线，而是指伽马曲线中的暗部。调整黑伽马，就是改变暗部的曲线形态。例如，我们把黑伽马的值调低，那么暗部就会更暗，画面的反差就会更大，反之，我们把黑伽马的值调高，暗部就会变亮。因此当选定一种伽马曲线后，如果对其层次不满意，就可以通过调整黑伽马来改变。黑伽马有两个调整选项，分别是“范围”与“等级”，“范围”有“窄”“中”“宽”3个选项，主要用来调整黑伽马受影响的范围。

“等级”可以调整的范围是-7~+7，等级越高，伽马曲线的暗部会变亮，等级越低，伽马曲线的暗部就会变暗。从下面4幅对比图中可以很明显地看出，随着等级的提高，画面暗部的细节也在逐渐变多。

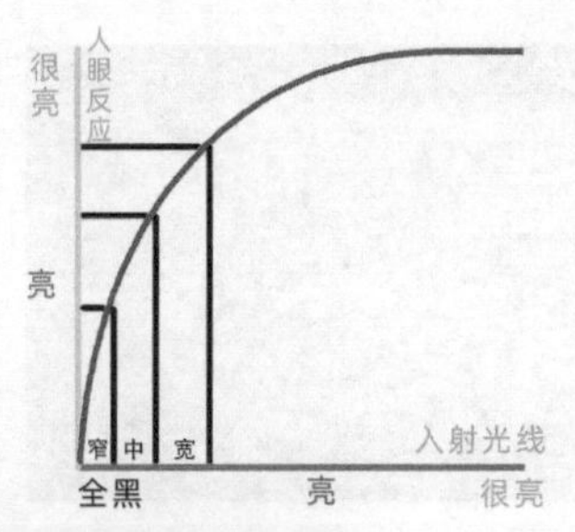

黑伽马范围示意图

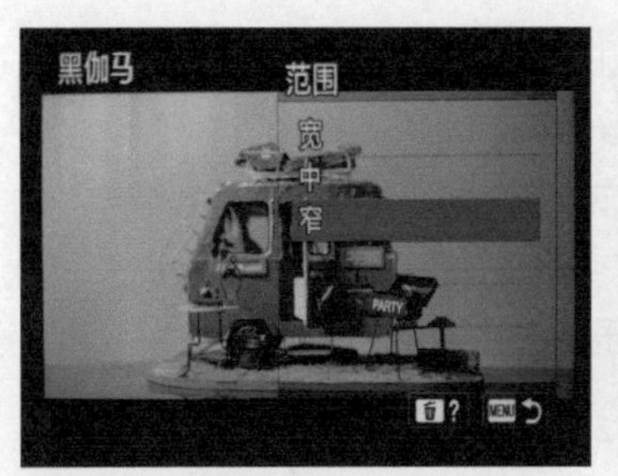

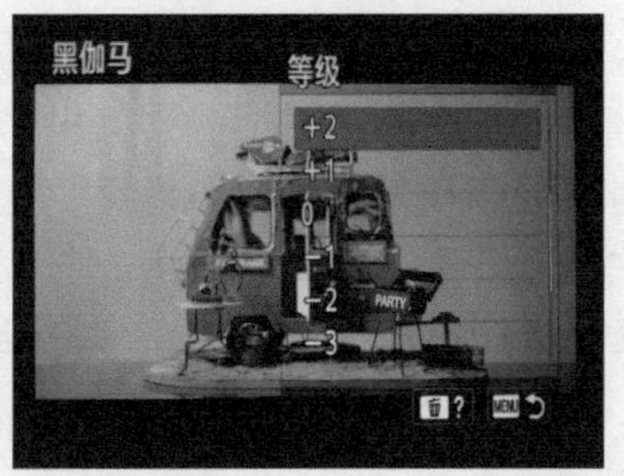

调整黑伽马的“范围”与“等级”

黑伽马等级：+7

黑伽马等级：+3

黑伽马等级：-3

黑伽马等级：-7

17.3.3 膝点调整

膝点是与黑伽马相对应的选项，只针对伽马曲线的亮部进行调整而不会影响到暗部。进入“膝点”菜单，有“自动设定”与“手动设定”两种模式可以选择。“手动设定”下也有两个选项，分别是“点”和“斜率”。黑伽马的两个调整选项是“范围”与“等级”，虽然它们的名字不同，但性质是一样的，都是用来调整伽马曲线的。

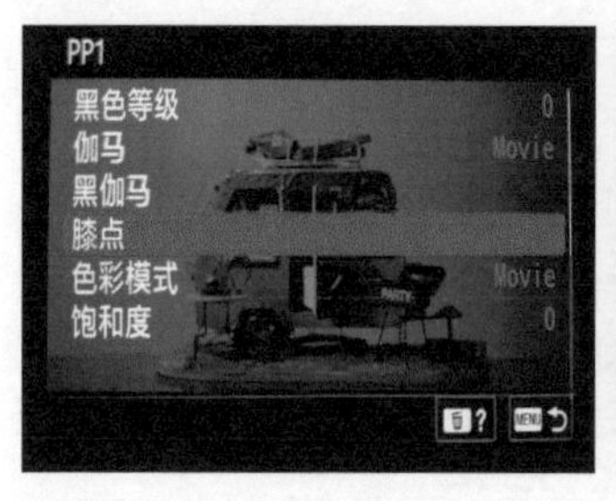

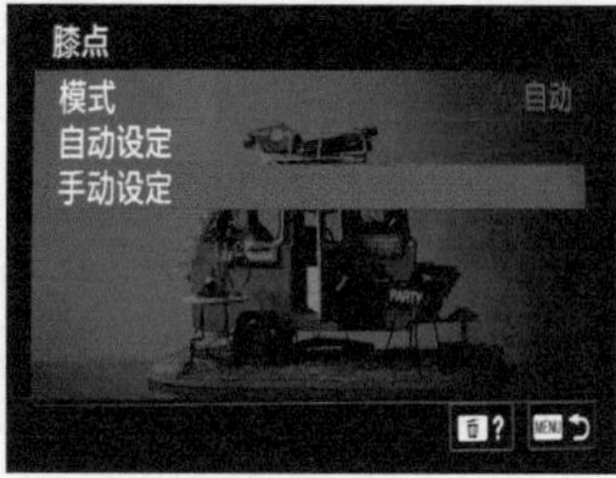

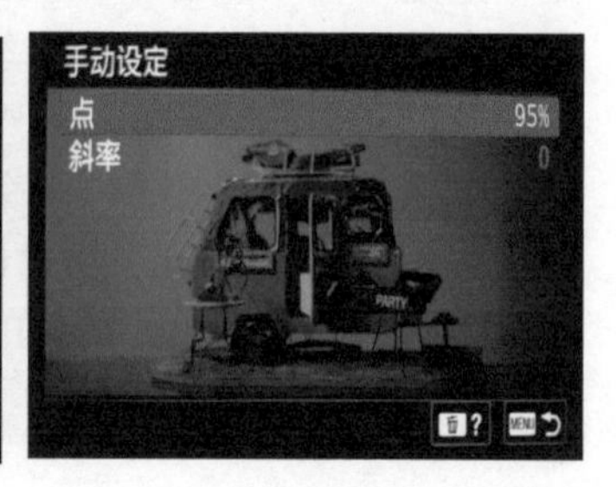

点击“膝点”选项，再点击“手动设定”选项即可调整“点”与“斜率”

首先说斜率，什么是斜率呢？看右侧示意图，曲线的上半部分是亮部区域，分别画出了位于中间这条伽马曲线上方和下方的两条虚线，这两条虚线表示中间这条伽马曲线的变动方向。向上变动，斜率为正且变大，就表示画面的高光区域被压暗。“斜率”相当于黑伽马中的“等级”。

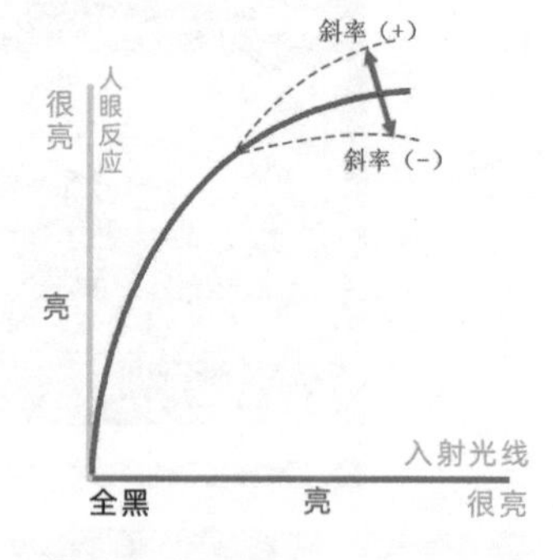

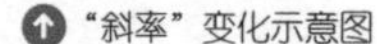
“斜率”变化示意图

“点”与黑伽马中的“范围”类似，主要用来确定是从伽马曲线上的哪个位置开始改变该伽马曲线的斜率。整个伽马曲线的长度为100%，如右示意图所示。这里标注了两个点位，一个是在70%的位置，另一个是在80%的位置。70%的点位在80%的前面，所以从70%的点位改变斜率所影响的亮度范围要大一些。

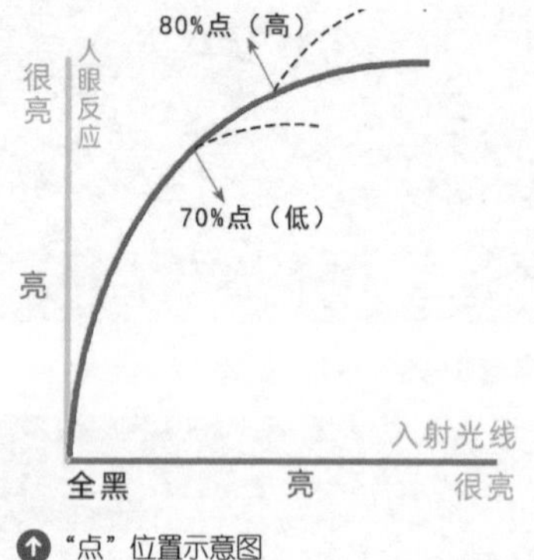

“点”位置示意图

在理解了“点”与“斜率”的概念后，再来观察膝点对画面的影响就比较轻松了。下面笔者在同一场景用控制变量的方法（“点”的值均为75%）展示了不同“斜率”对于画面的影响。从这4幅对比图中可以看到，斜率越大，画面中的高光区域（天空）就越亮，斜率越小，画面中的高光区域就越灰暗。

斜率：-5

斜率：-2

斜率：2

斜率：5

17.4 利用图片配置文件功能调整画面色彩

17.4.1 通过色彩模式确定基本色调

前面讲的伽马曲线、黑伽马、黑色等级及膝点都是用来调整画面层次的，本节介绍怎样调整画面的色彩。涉及色彩调整的参数主要有色彩模式、饱和度、色彩相位及色彩浓度。首先是色彩模式，我们可以把它理解成针对各种伽马曲线的滤镜。使用这些色彩模式，可以让所拍摄的画面快速获得有质感、更漂亮的色彩。

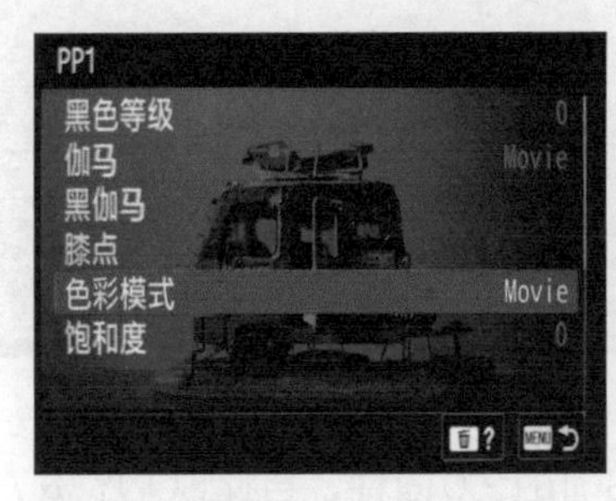

点击“色彩模式”选项，即可选择符合当前伽马曲线的色彩模式

17.4.2 不同色彩模式的色调特点

1. Movie色彩模式

有些色彩模式的名称与伽马曲线的名称是相同的，原则上尽量选择与伽马曲线名称相同的色彩模式，这样拍出来的画面的色彩还原度更高。Movie色彩模式与Movie伽马曲线配套，使用这种色彩模式拍出来的画面具有浓浓的胶片感，可以打造比较鲜明的色彩效果。

Movie色彩模式下的画面效果

2. Still色彩模式

Still色彩模式与Still伽马曲线配套。用Still色彩模式拍出来的画面的色彩饱和度更高，并且画面的暖色与冷色会更加浓郁。

Still色彩模式下的画面效果

3. Cinema色彩模式

Cinema色彩模式与4条Cine伽马曲线配套。用Cinema色彩模式拍出来的画面的饱和度稍微低一点，不过对蓝色的影响不大，从而会使画面具有电影感。

Cinema色彩模式下的画面效果

4. S-Cinetone色彩模式

在2021年2月25日，索尼更新了α7S Ⅲ的2.0固件，自此SONY α7S Ⅲ就成了索尼全产品线中最便宜的具有S-Cinetone色彩模式的相机，从官方的描述中我们可以知道，该色彩模式源自其电影摄影机系统，并且对于人物的肤色表现有优化作用。S-Cinetone色彩模式首次出现在FX9电影摄影机中，建立在VENICE色彩科学的电影化风格的基础上，旨在快速、轻松地创建色彩自然丰富的影像内容而无须复杂的后期制作。

S-Cinetone色彩模式相较于标准的R709色彩模式，是一种更电影化的色彩模式，但又有更大的反差和更高的对比度，适用于普通的视频制作。

S-Cinetone色彩模式下的画面效果

5. Pro色彩模式

Pro色彩模式与两条ITU709的伽马曲线匹配，画面色彩饱和度不高，色彩不是很鲜明，不过色彩之间的过渡比较柔和，后期只需稍加调整，画面色调就会很舒适。

Pro色彩模式下的画面效果

6. ITU709矩阵色彩模式

ITU709矩阵色彩模式也是与两条ITU709伽马曲线匹配的。相较于使用Pro色彩模式拍摄，使用这种色彩模式拍出来的视频在高清数字电视（HDTV）上播放时，会显示出更加浓郁的蓝色，色彩更加真实与鲜明。所以平时拍摄一般会选择这种色彩模式来匹配两条ITU709伽马曲线。

ITU709矩阵色彩模式下的画面效果

7. 黑白色彩模式

黑白色彩模式不匹配任何伽马曲线，除HLG伽马曲线不能使用黑白色彩模式外，其他伽马曲线都能使用。这样黑白画面是通过把饱和度变为0来实现的。在黑白色彩模式下选择不同的伽马曲线，通过改变黑色等级、黑伽马以及膝点来调整画面层次，可得到不同的效果。

黑白色彩模式下的画面效果

8. S-Gamut色彩模式

S-Gamut是与S-Log2配套的色彩模式。由于S-Log2的感光度最低为ISO800，为避免画面过曝，需要对地面进行曝光补偿，这种色彩模式充分保留了使用S-Log2伽马曲线所摄画面的丰富细节与极高的后期宽容度，满足了后期深度调整的需要。

S-Gamut色彩模式下的画面效果

9. S-Gamut.Cine色彩模式

S-Gamut.Cine与S-Log3匹配，用这种色彩模式拍出来的画面，除了保留了丰富的细节，而且带有一种电影感。如果想要拍摄有电影感的画面，就可以选择这种色彩模式。

S-Gamut.Cine色彩模式下的画面效果

10. S-Gamut3色彩模式

S-Gamut3也与S-Log3匹配，它与S-Gamut.Cine相比，有更广的色彩空间，使用其拍摄的画面通过后期还原，可以呈现出更细腻的色彩。

S-Gamut3色彩模式下的画面效果

11. BT.2020与709色彩模式

BT.2020与709色彩模式只适用于几条HLG伽马曲线。HLG伽马曲线通过匹配这两种色彩模式，可以让画面更好地呈现出HDR效果。在这两种色彩模式中，现在一般选择709色彩模式来搭配HLG伽马曲线，因为使用这个组合拍出来的视频能更好地展现真实的色彩。

在实际拍摄中，如果要强调个人的拍摄风格，并调出与众不同的色调，完全可以将不同的伽马曲线与不同的色彩模式进行搭配。

17.4.3 通过饱和度调整画面色彩

饱和度这一参数在后期处理中经常用到，主要用来控制画面色彩的鲜艳程度。提高饱和度，画面中的色彩变得浓郁；降低饱和度，画面色彩变得暗淡。饱和度的调整范围为-32~+32，数值越大，画面色彩越鲜艳；数值越小，画面色彩越暗淡。不过即使把饱和度调到最低，画面也是有色彩的，只是比较暗淡，所以如果想要拍摄纯净的黑白效果，还是要选择黑白色彩模式。

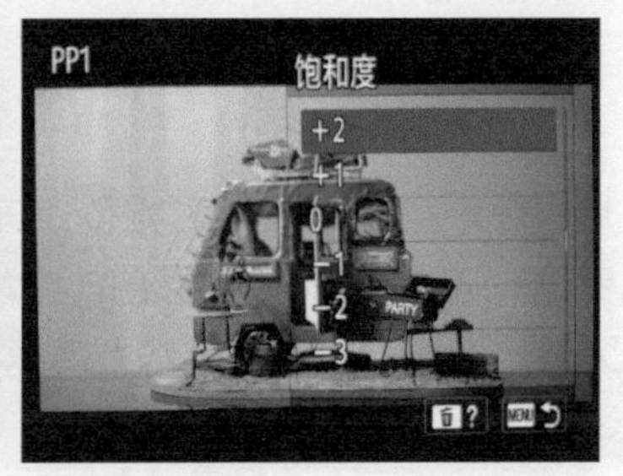

点击“饱和度”选项，即可对饱和度进行调整

为了更加直观地展现不同饱和度对画面的影响，笔者在同一场景拍摄了几幅对比图。可以看到，随着饱和度提高，画面的色彩越来越鲜艳。

饱和度：-32

饱和度：-16

饱和度：+16

饱和度：+32

17.4.4 通过色彩相位改变画面色彩

色彩相位的调整范围为 -7~+7。色彩相位主要用来改变画面中的黄绿色与紫红色，色彩相位的数值越大，画面中的部分色彩就会越偏紫红色；数值越小，画面中的部分色彩就会越偏黄绿色。调整色彩相位改变的是部分色彩，整个画面的色彩不会随之改变。

点击“色彩相位”选项，即可改变画面中的黄绿色与紫红色

为了更加直观地展现不同色彩相位对画面的影响，笔者在同一场景拍摄了几幅对比图。可以看到，随着色彩相位数值的增大，画面中的紫红色增加了，房车车身的紫色也越来越突出；而随着色彩相位数值的减小，房车下方的草坪显得更加青翠。

色彩相位：-7

色彩相位：-3

色彩相位：+3

色彩相位：+7

17.4.5 通过色彩浓度对局部色彩进行调整

色彩浓度涉及R、G、B、C 、M、Y这6个字母分别代表的是红、绿、蓝、青、洋红、黄6种色彩，每种色彩的调整范围为 -7~+7。这里说的浓度指的是色彩的饱和度。需要注意的是，这里只是调整某种色彩的饱和度，而前面对饱和度的调整是针对整个画面进行的。

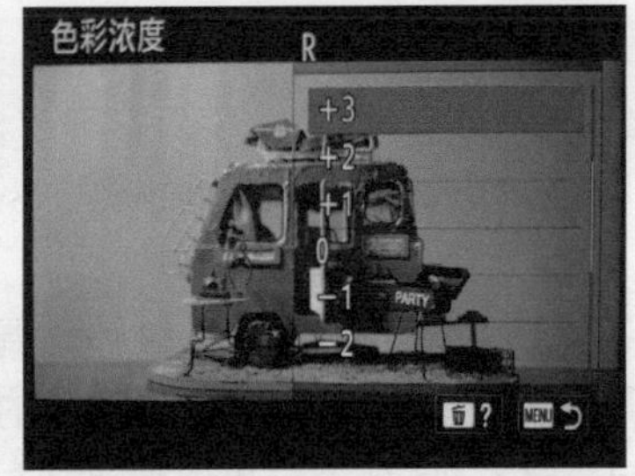

点击“色彩浓度”选项，然后选择一种色彩进行单一调整

在下面4幅对比图中，笔者对同一场景、同一种色彩，设置了不同的色彩浓度进行拍摄。通过对比发现，设置为+7的灯光色彩要比设置为-7时浓郁一些。

色彩浓度：-7

色彩浓度：-3

色彩浓度：+3

色彩浓度：+7

17.5 图片配置文件功能设置方案

利用图片配置文件功能中的各个选项混合搭配调整，即可在前期录制视频时就得到富有质感的画面，甚至一些独具特色的电影质感也可以通过各个选项的巧妙搭配实现。下面介绍两套图片配置文件功能设置方案，可帮助大家轻松获得不用后期调色的电影风格的质感与色调。

17.5.1 Peter Bak的电影风格

黑色等级：−15，目的是减少阴影细节，增加反差。

伽马：配置里可选Cine4 、Movie、S-Log2，这几种伽马曲线都可用于营造电影氛围。

黑伽马：默认，已经在黑色等级部分调整完毕，此处不需要再进行调整。

膝点：默认，此类风格的画面是暗调的，因此高光区域可不做调整。

色彩模式：Pro，这样调整可以使画面色彩更柔和，让观众有舒适的观感。

饱和度：+10，目的是还原前期拍摄时的色彩。

色彩相位：−3，让画面整体色调偏向黄绿色，整体更具有电影质感。

色彩浓度：R为 +3 , G为 +4 , 为 +4 , C 为 −4 , M为 +4 , Y 为 −5，这样可以提高饱和度，使色彩看上去更加浓郁。

17.5.2 日式小清新风格

黑色等级：+15，目的是让阴影亮起来，降低对比度。

伽马：Cine4。

黑伽马：窄、+7，目的是让黑色部分亮起来，继续降低对比度。

膝点：97.5%、+2，目的是让高光暗一点，然后降低对比度。

色彩模式：ITU709矩阵。

饱和度：+5。

色彩相位：−2，目的是使画面偏黄偏绿。

色彩浓度：R为 +3，G为 −2，B为 −2，C为 0，M为 0，Y为 −4。

日式小清新风格实例